理工系の数学教室

微積分と
ベクトル解析

河村哲也 —— 著

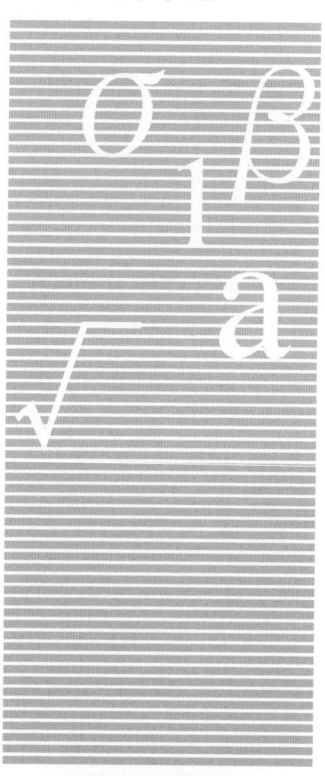

朝倉書店

はじめに

　本書は"理工系の数学教室"の第4巻であり，微積分学の初歩とベクトル解析を取り上げている．本来ならば大学の数学で最初に出てくる内容であるが，筆者の都合で4番目になった．そこで，もし本シリーズで数学を系統的に勉強するのであれば，最初に読むべき題材になっている．

　さて，大学に入学してはじめに習う数学は微積分学と線形代数である．それは，これらに含まれる内容が高学年で習う数学のみならず，物理学や工学など数学に密接に関連する分野の根幹になっているからである．その中で微積分はすでに基礎部分を高校で習っているため，大学ではそれを発展させた内容を勉強することになる．この場合の発展ということばには2つの意味がある．

　一つは，本来数学は厳密な学問であるため，高校のときのあいまいな議論を，寸分の隙もないように1から組み立てなおすという意味である．たとえば，高校では極限を説明するとき「x が限りなく a に近づいたとき……」という言い方をしたが，このままでは数学的に厳密な議論はできない．そこでいわゆる「$\varepsilon\text{-}\delta$」論法が登場する．

　もう一つは，高校の微積分をさらに強力なものにして複雑な現象にも応用が効くようにするという意味である．たとえば，高校のときの微積分は1変数のスカラーの関数に限られたが，それを多変数に拡張したり，ベクトルの関数に適用したりする．このようにすることにより，数学はいろいろな現象を解析する道具として非常に役立つものになる．

　数学にとってはどちらの意味も重要であるが，残念ながら最初の厳密性はあまりわかりやすいものではなく，多くの学生にとって数学に対するつまずきの原因となっていることも確かである．もちろん，数学が厳密であればこそ，われわれはその結果を安心して使えるわけであるが，数学を専門とせずそれを利用する立場の学生にとっては，使い方を知っていれば，少なくとも第一段階では十分であるともいえる．そこで本書では，他の巻にも共通していえることであるが，後者の意味に徹して微積分およびその延長であるベクトルの微積分に

ついて執筆した．

　本書の内容は以下のとおりである．第 1～3 章は微積分学の基礎部分で高校で習った微積分の直接の延長になっている．第 1 章は関数についての基本部分であり，関数の連続性や極限，合成関数，逆関数などについて述べる．第 2 章では 1 変数の関数の微分法について，微分可能性やいろいろな関数の微分，また平均値の定理などを説明している．そして，微分の応用として極大，極小問題を取り上げる．第 3 章は 1 変数の関数の積分法で，微分の逆演算として不定積分を定義したあと，いろいろな関数の不定積分の求め方を例示し，さらに面積という形で定積分を導入する．そして，微積分学の基本定理ともいうべき不定積分と定積分の間の関係について述べ，さらに定積分の応用についてもふれる．

　第 4～6 章はいわゆる大学での微積分学らしくなる部分である．第 4 章では無限級数の基本を説明したあと，無限回微分可能な関数をべき級数で表すテイラー展開について述べ，指数関数や三角関数をべき級数で表す．第 5 章では多変数の微分法を取り上げる．このとき，いわゆる偏微分法が現れる．また偏微分法の応用として多変数の関数の極値問題や，条件付き極値問題を説明する．第 6 章は多変数の積分法についての部分であり，2 重積分や 3 重積分の意味を詳しく説明し，その具体的な計算法や簡単な応用について述べる．

　第 7～9 章はベクトル解析とよばれるベクトル関数の微積分およびその応用部分である．第 7 章はベクトル関数の微積分であるが，ここでは主に成分ごとの微積分に帰着される場合を取り扱う．また，応用として空間曲線や空間曲面についても記述している．第 8 章は物理的にも重要なスカラー場，ベクトル場について述べており，ベクトル解析の中心部分になっている．微分演算として方向微分，勾配，発散，回転などが登場し，積分演算として線積分，面積分，体積積分などが頻繁に現れる．また，こういった積分間の関係であるガウスの定理やストークスの定理といった積分定理について説明する．第 9 章はベクトル解析の応用として直交曲線座標について述べる．そして，微分演算がこういった直交曲線座標でどう表現されるかについて説明する．

　本書によって読者諸氏が大学の微積分とベクトル解析の重要部分を習得し，さらにこれに続く，微分方程式，関数論，フーリエ解析などにすすむきっかけになることを願っている．なお，本書は十分に注意して執筆したが，著者の浅学から思わぬ不備やわかりづらい点などがあることを恐れている．読者諸氏の

ご叱正をお待ちし，順次改良を加えていきたい．

　最後に，本書の校正にはお茶の水女子大学大学院数理・情報科学専攻の鈴木静華さん，坪井美樹さん，末永由紀さんの助力を得たこと，そして本書の出版には朝倉書店の皆さんにお世話になったことを記して，感謝の意としたい．

2005 年 9 月

河 村 哲 也

目　　次

1. 関数と極限 ··· 1
　1.1　関　　数 ··· 1
　1.2　極　　限 ··· 3
　1.3　関数の連続 ··· 6
　1.4　逆 関 数 ··· 8

2. 1変数の微分法 ··· 11
　2.1　微分係数と導関数 ··· 11
　2.2　微分の公式 ··· 14
　2.3　平均値の定理 ··· 18
　2.4　微分法の応用 ··· 23

3. 1変数の積分法 ··· 27
　3.1　不 定 積 分 ··· 27
　3.2　不定積分の性質 ··· 28
　3.3　不定積分の計算例 ··· 32
　3.4　面積と定積分 ··· 34
　3.5　定積分の性質 ··· 36
　3.6　不定積分と定積分の関係 ······································· 38
　3.7　定積分の応用 ··· 41

4. 無限級数と関数の展開 ··· 47
　4.1　数　　列 ··· 47
　4.2　無 限 級 数 ··· 49
　4.3　べ き 級 数 ··· 54
　4.4　テイラー展開 ··· 56

4.5　関数の展開 ……………………………………………………… 58

5. 多変数の微分法 …………………………………………………… 64
　5.1　多変数の関数 …………………………………………………… 64
　5.2　偏導関数 ………………………………………………………… 65
　5.3　高次の偏導関数 ………………………………………………… 68
　5.4　合成関数の微分法 ……………………………………………… 70
　5.5　多変数のテイラー展開 ………………………………………… 73
　5.6　全微分 …………………………………………………………… 75
　5.7　偏微分法の応用 ………………………………………………… 76
　5.8　陰関数定理とその応用 ………………………………………… 77
　5.9　ラグランジュの未定乗数法 …………………………………… 78

6. 多変数の積分法 …………………………………………………… 82
　6.1　2重積分 ………………………………………………………… 82
　6.2　2重積分の性質 ………………………………………………… 85
　6.3　2重積分の計算法 ……………………………………………… 86
　6.4　3重積分 ………………………………………………………… 90
　6.5　変数変換 ………………………………………………………… 93

7. ベクトルの微積分 ………………………………………………… 98
　7.1　ベクトル関数 …………………………………………………… 98
　7.2　ベクトル関数の微積分 ………………………………………… 99
　7.3　空間曲線 ………………………………………………………… 103
　7.4　速度と加速度 …………………………………………………… 107
　7.5　曲面 ……………………………………………………………… 108

8. スカラー場とベクトル場 ………………………………………… 112
　8.1　方向微分係数 …………………………………………………… 112
　8.2　勾配 ……………………………………………………………… 114
　8.3　発散 ……………………………………………………………… 116

8.4	回　　　転	118
8.5	ナブラを含んだ演算	120
8.6	線　積　分	121
8.7	面積分と体積積分	123
8.8	積 分 定 理	126

9. 直交曲線座標 ································· 135
- 9.1 直交曲線座標と基本ベクトル ············· 135
- 9.2 基本ベクトルの微分 ························ 139
- 9.3 ナブラを含む演算 ·························· 140

略　　解 ································· 145

索　　引 ································· 159

関数と極限

1.1 関数

　時間や数直線上の位置，あるいは温度などいろいろな値をとることができる数を変数という．変数は $x, y, \cdots$ などの文字を用いて表される．変数に対し 1 や 2.5 あるいは円周率など常に一定の値をもつ数を定数とよぶ．定数を表す場合にも $a, b, \cdots$ などの文字を用いることがある．

　さて 2 つの変数 x, y の間にある関係があって，x を決めたときそれに応じて y が決まるとき，y は x の関数であるという．このうち，x のように値を変化させる変数を独立変数とよび，独立変数の変化に応じて値の決まる変数を従属変数とよんでいる*．たとえば，高さ 1 の三角形の面積 y は底辺の長さ x に応じて決まるため，y は x の関数になっている．この場合，x と y の関係は

$$y = \frac{1}{2}x$$

という式で表される．また，x を独立変数，y を従属変数としたとき

$$y = \sqrt{1-x^2}$$

も 1 つの関数である．この場合には，根号内は負にはなれないので，x は $-1 \leq x \leq 1$ の範囲で考える必要がある．このように，独立変数 x の変化する範囲（区間）を関数の定義域とよぶ．また独立変数が定義域を変化したとき，従属変数の取りうる範囲（区間）を値域とよんでいる．上の関数の値域は $0 \leq y \leq 1$ である．

＊ 数学的に関数といった場合には，独立変数と従属変数の間に何らかの対応関係があればよく，その関係が式で表されている必要はない．たとえば，個人の身長は年齢の関数である．ただし，本書で関数といった場合には，何らかの式で表せるものとする．

y が x の関数である場合に,

$$y = f(x) \tag{1.1}$$

と記す．ここで，f という文字は本質ではなく，何であってもよい．慣れないうちは少し変に感じるかもしれないが，式 (1.1) を

$$y = y(x) \tag{1.2}$$

と書くこともある．これは式 (1.1) と同じ意味をもつ．変数 x がある特定の値 a をとったとき，y も特定の値になる．この特定の値を $f(a)$ と記す．

例題 1.1
$f(x) = \sqrt{1-x^2}$ のとき，$f(1/2)$, $f(1-a)$, $f(\cos x)$ を求めよ．
【解】
$$f(1/2) = \sqrt{1-(1/2)^2} = \sqrt{3/4} = \sqrt{3}/2$$
$$f(1-a) = \sqrt{1-(1-a)^2} = \sqrt{2a-a^2}$$
$$f(\cos x) = \sqrt{1-(\cos x)^2} = \sqrt{\sin^2 x} = |\sin x|$$

◇**問 1.1**◇　$f(x) = x^2 + 3x + 2$ のとき，$f(2)$, $f(a-2)$ を求めよ．

◇**問 1.2**◇　$f(x) = (e^x + e^{-x})/2$ のとき，$f(x+y)f(x-y)$ を求めよ．

x が y の関数 $y = f(x)$ のとき，逆の見方をすれば y の変化に応じて x が変化するともみなせる．すなわち，x を y の関数 $x = g(y)$ とみなすこともできる．はじめの例では高さ 1 の三角形の底辺の長さを面積の関数とする．このように，独立変数と従属変数の役割を逆にした関数をもとの関数の逆関数とよび，特に $y = f(x)$ の逆関数であることを示すために

$$x = f^{-1}(y)$$

と記す．

◇**問 1.3**◇　$y = (cx+d)/(ax+b)$ の逆関数を求めよ．

y が u の関数 $y = f(u)$ であり，また u が x の関数 $u = g(x)$ であるとする．このとき，x の変化に応じて u が変化し，また u の変化に応じて y が変化する

ため，y は x の関数とみなせる．このような見方をしたとき，合成関数とよび

$$y = f(g(x))$$

と記す．

◇問 **1.4**◇ $\xi = (x+3)^2$, $y = 2\xi + 4$ のとき，y を x の関数で表せ．

1.2 極 限

関数 $y = f(x)$ に対して，x が限りなく a に近づくとき，y が限りなく b に近づくとする．このとき，関数 $f(x)$ は極限値 b をもつといい，

$$x \to a \text{ のとき}, \quad f(x) \to b \tag{1.3}$$

または

$$\lim_{x \to a} f(x) = b \tag{1.4}$$

で表す．ただし，ここで限りなく近づくという表現は直観的で，数学的には不正確であり，厳密な議論をするときにあいまいになることがある．そこで式 (1.4) の数学的に厳密な定義は以下のようにされている．

「任意に与えられた正数 ε に対して，正数 δ を定めることができ，$0 < |x-a| < \delta$ であるようなすべての x に対して，$|f(x) - b| < \varepsilon$ が成り立つようにできるとき，関数 $f(x)$ は x が a の極限で極限値 b をもつ」

という（図 1.1）．

また，x が限りなく大きくなるとき，$f(x)$ が b に限りなく近づく場合は

$$\lim_{x \to \infty} f(x) = b$$

と書く．これも厳密には以下のように定義される．

「任意に与えられた正数 ε に対して，正数 M を定めることができ，$x > M$ であるようなすべての x に対して，$|f(x) - b| < \varepsilon$ が成り立つようにできるとき，関数 $f(x)$ は x が ∞ の極限で極限値 b をもつ」

という．

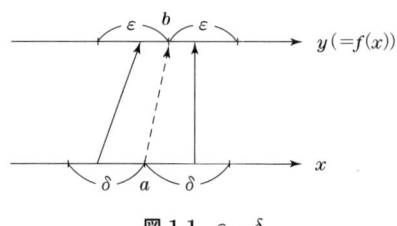

図 1.1 $\varepsilon - \delta$

さらに x が限りなく a に近づくとき，$f(x)$ が限りなく大きくなれば，

$$\lim_{x \to a} f(x) = \infty$$

と書くが，厳密には

「任意に与えられた正数 M に対して，正数 δ を定めることができ，$0 < |x-a| < \delta$ であるようなすべての x に対して，常に $f(x) > M$ が成り立つようにできるとき，関数 $f(x)$ は x が a の極限で無限大になる」

と定義する．

なお，本書ではわかりづらくならないように，直観的な定義で済ませることにする．

以上のように定義した関数の極限に対して以下の事実が成り立つ．数学的な証明を行うためには上記の厳密な定義から出発する必要があるが，主張していることは常識的に理解できることなので，ここでは証明はしない．

$\lim_{x \to a} f(x) = p, \quad \lim_{x \to a} g(x) = q$ のとき
$$\lim_{x \to a}(f(x) + g(x)) = p+q, \quad \lim_{x \to a}(f(x) - g(x)) = p-q$$
$$\lim_{x \to a} f(x)g(x) = pq, \quad \lim_{x \to a} \frac{g(x)}{f(x)} = \frac{q}{p} \quad (\text{ただし } p \neq 0)$$
(1.5)

$y = f(u), u = g(x)$ (y が x の合成関数) のとき
$\lim_{x \to a} g(x) = b, \lim_{u \to b} f(u) = c$ であれば
$$\lim_{x \to a} f(g(x)) = \lim_{u \to b} f(u) = c$$

例題 1.2

次の極限値を求めよ．

(1) $\displaystyle\lim_{x \to 1} \frac{x-1}{x^2-1}$, (2) $\displaystyle\lim_{x \to 4} \frac{\sqrt{8-x}-\sqrt{x}}{x-4}$

【解】
(1) $\displaystyle\lim_{x \to 1} \frac{x-1}{x^2-1} = \lim_{x \to 1} \frac{x-1}{(x-1)(x+1)} = \lim_{x \to 1} \frac{1}{x+1} = \frac{1}{2}$

(2) $\displaystyle\lim_{x \to 4} \frac{\sqrt{8-x}-\sqrt{x}}{x-4} = \lim_{x \to 4} \frac{(\sqrt{8-x}-\sqrt{x})(\sqrt{8-x}+\sqrt{x})}{(x-4)(\sqrt{8-x}+\sqrt{x})}$

$\displaystyle= \lim_{x \to 4} \frac{-2(x-4)}{(x-4)(\sqrt{8-x}+\sqrt{x})} = -\frac{1}{2}$

例題 1.3

次の極限値を求めよ．

(1) $\displaystyle\lim_{x \to 0} \frac{\sin x}{x}$, (2) $\displaystyle\lim_{x \to 0} \frac{1-\cos x}{x^2}$

【解】(1) $x > 0$ のとき，図 1.2 より面積に対して $\triangle\text{OAB} < $ 扇型 $\text{OAB} < \triangle\text{OAC}$（ただし，$0 < x < \pi/2$）．すなわち，$\frac{1}{2}r^2 \sin x < \frac{1}{2}r^2 x < \frac{1}{2}r^2 \tan x$ が成り立つ．したがって，$\sin x < x < \tan x$．
$\sin x > 0$ で割って，$1 < \frac{x}{\sin x} < \frac{1}{\cos x}$．すなわち $1 > \frac{\sin x}{x} > \cos x$．

$x \to +0$ のとき，$\cos x \to 1$ より $\lim_{x \to 0} \frac{\sin x}{x} = 1$．$x < 0$ のときは $x = -z$ とおけば，$\sin x / x = \sin z / z$ であり，$x \to -0$ は $z \to +0$ となるため同じ結果となる．

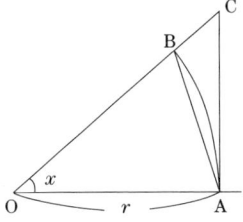

図 1.2 $\triangle\text{OAB} <$ 扇形 $\text{OAB} < \triangle\text{OAC}$

(2) $\displaystyle\lim_{x \to 0} \frac{1-\cos x}{x^2} = \lim_{x \to 0} \frac{2\sin^2(x/2)}{4(x/2)^2} = \frac{1}{2}$

◇問 **1.5**◇　次の極限値を求めよ．
(1) $\lim_{x \to 3} \dfrac{x-3}{x^2 - 4x + 3}$,　(2) $\lim_{\theta \to 0} \dfrac{\sin 3\theta}{\sin 4\theta}$

1.3　関数の連続

関数 $y = f(x)$ が点 $x = a$ において
$$\lim_{x \to a} f(x) = f(a) \tag{1.6}$$
であるとき，この関数 $f(x)$ は点 $x = a$ において連続であるという．そして，区間* I に属する点すべてにおいて連続であるならば，$f(x)$ は区間 I で連続であるという．また連続な関数のことを連続関数という．連続でないときは不連続という．関数が1点 $x = b$ において不連続であるが，その点を除けば連続で，しかも $\lim_{x \to b} f(x) = f(b)$ が有限確定値をもつ場合，その1点での関数の値を $f(b)$ と定義しなおせば関数は連続になる．このような場合を除去可能な不連続とよぶ．

関数が連続であるとは直観的には以下のような意味をもっている．すなわち，式 (1.6) は
$$\lim_{h \to 0} f(a+h) = f(a) \quad \text{すなわち} \quad \lim_{h \to 0} (f(a+h) - f(a)) = 0$$
と書き換えられる．この式は点 $x = a$ で増分 h が 0 に近づくと関数値の差がなくなること，いいかえれば関数に値の跳びがなく切れ目なくつながっていることを意味している．

以下に連続関数の性質をいくつか述べる．

区間 I において関数 $f(x), g(x)$ は連続であるとする．このとき，同じ区間において
$$f(x) + g(x), \quad f(x) - g(x), \quad f(x)g(x), \quad \dfrac{f(x)}{g(x)} \quad (\text{ただし } g(x) \neq 0)$$
も連続である．

---

* $\{x | x < R, a < x < b\}, \{x | x < R, a \leq x \leq b\}$ などのような集合を区間とよび，a, b を端点という．前者のように両端点を含まないような区間を開区間とよび，(a,b) で表し，後者のように両端点を含むような区間を閉区間とよび，$[a,b]$ で表す．

1.3 関数の連続

さらに，区間 I において $u=f(x)$ が連続で，u の値域において，$y=g(u)$ が連続であるとする．このとき，区間 I において合成関数 $y=g(f(x))$ も連続である．

これらは連続の定義と極限の性質を用いれば証明できる．たとえば和については以下のようにする．区間 I 内の任意の点を a とすれば，その点において $f(x), g(x)$ は確定値 $f(a), g(a)$ をもつため，$f(x)+g(x)$ も確定値 $f(a)+g(a)$ をもつ．また，

$$\lim_{x \to a} f(x) = f(a), \quad \lim_{x \to a} g(x) = g(a)$$

から，極限の性質を用いて

$$\lim_{x \to a}(f(x) + g(x)) = f(a) + g(a)$$

となる．これらのことは，関数 $f(x)+g(x)$ が区間 I で連続であることを意味している．

さらに，連続関数には以下の性質がある．

「関数 $f(x)$ が区間 $[a,b]$ で連続で，$f(a)f(b) < 0$ ならば，区間 $[a,b]$ 内で $f(c)=0$ を満足する点 $x=c$ が少なくとも 1 つある」

このことも直観的には明らかであろう．すなわち，$f(a)$ と $f(b)$ は異符号であるから，点 $(a, f(a)), (b, f(b))$ は x 軸の両側にある．一方，$f(x)$ は連続関数であるから，この関数の表す曲線は 2 点の間を切れ目なくつながっている．したがって，少なくとも 1 回は x 軸と交わるが，その点で関数値は 0 になるからである（図 1.3 参照）．

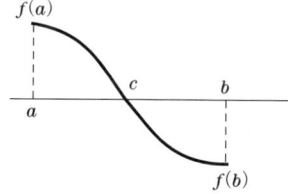

図 1.3 中間値の定理

このことから，ただちに中間値の定理とよばれる次の定理が導ける．

「関数 $f(x)$ が区間 $[a,b]$ で連続で，k を $f(a)$ と $f(b)$ の間の任意の数とする．このとき，区間 $[a,b]$ 内で $f(c)=k$ を満足する点 $x=c$ が少なくとも

1つある」

なぜなら，関数 $g(x) = f(x) - k$ を考えれば，$g(a)g(b) < 0$ となるため，g に対して上の定理をあてはめれば $g(c) = 0$ をみたす点，すなわち $f(c) = k$ をみたす点が区間内に少なくとも1つ存在するからである．

1.4 逆関数

逆関数の定義は以前に述べた．すなわち $y = f(x)$ で，y を独立変数，x を従属変数とみなしたとき，$x = f^{-1}(y)$ と書き逆関数とよんだ．ただし，この2つの関数は見方を変えただけであるので，実際は同じ関数である．そこで，新たに逆関数として，$x = f^{-1}(y)$ において，x と y を入れ換えた

$$y = f^{-1}(x)$$

をもとの関数の逆関数と定義しなおそう．たとえば，$y = x^2$，$y = e^x$ の逆関数は $y = \pm\sqrt{x}$，$y = \log x$ である．

このように定義した逆関数には以下の性質がある．
1. $f(f^{-1}(x)) = x$，$f^{-1}(f(x)) = x$
2. $y = f(x)$ のグラフと $y = f^{-1}(x)$ のグラフは直線 $y = x$ に関して対称である（図 1.4）．

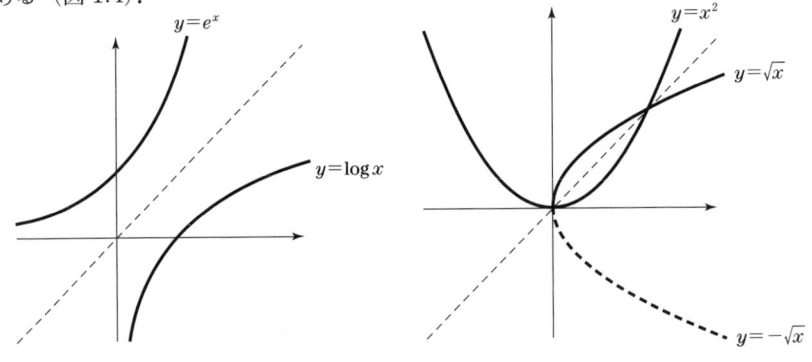

図 1.4 逆関数

[逆三角関数]

$y = \sin x$ の逆関数を $y = \sin^{-1} x$ または $y = \arcsin x$ と記し，逆正弦関

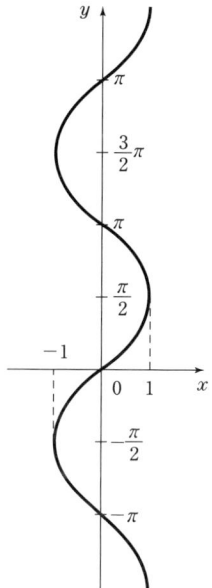

図 1.5 逆正弦関数 ($y = \sin^{-1} x$)

数という.同様に,$y = \cos x$, $y = \tan x$ の逆関数もそれぞれ $y = \cos^{-1} x$, $y = \tan^{-1} x$ または $y = \arccos x$, $y = \arctan x$ と記し,逆余弦関数,逆正接関数という(なお,$\cot x$, $\sec x$, $\operatorname{cosec} x$ の逆関数も定義できるが,あまり用いられない).

$y = \sin^{-1} x$ のグラフは図 1.5 に示すように $y = \sin x$ を $y = x$ に関して折り返したものになる.この図から,関数の定義域は $-1 \leq x \leq 1$ であることや,1 つの x に対して無数の y が対応することがわかる.いいかえれば逆正弦関数は(無限)多価関数である.このような場合には,$\sin^{-1} x$ の値を 1 価関数になるように制限すると便利である.特に $\sin^{-1} x$ の値を

$$-\frac{\pi}{2} \leq \sin^{-1} x \leq \frac{\pi}{2}$$

と制限した場合を主値という.同様に $\cos^{-1} x$, $\tan^{-1} x$ の主値も

$$0 \leq \cos^{-1} x \leq \pi, \quad -\frac{\pi}{2} \leq \tan^{-1} x \leq \frac{\pi}{2}$$

で定義する.

例題 1.4

$\tan^{-1} 1/4 + \tan^{-1} 3/5$ の値を求めよ.

【解】 tan の加法定理より

$$\tan\left(\tan^{-1}\frac{1}{4} + \tan^{-1}\frac{3}{5}\right) = \frac{\tan(\tan^{-1} 1/4) + \tan(\tan^{-1} 3/5)}{1 - \tan(\tan^{-1} 1/4)\tan(\tan^{-1} 3/5)}$$
$$= \frac{1/4 + 3/5}{1 - (1/4)(3/5)} = 1$$

◇問 1.6◇ 次の値を求めよ. ただし主値をとるものとする.

$$\cos^{-1}\left(\frac{1}{2}\right) + \sin^{-1}\left(\frac{1}{\sqrt{2}}\right)$$

▷章末問題◁

[1.1] 次の極限値を求めよ.

(1) $\displaystyle\lim_{x \to 2} \frac{x^2 - 4}{x^2 + x - 6}$, (2) $\displaystyle\lim_{\theta \to 0} \frac{\tan 3\theta}{\tan 4\theta}$, (3) $\displaystyle\lim_{x \to 0} \frac{1 - \cos^2 x}{x^2}$

[1.2] 次の関数が x のすべての値に対して連続になるように a と b の値を定めよ. ただし, n は正の整数とする.

$$\lim_{n \to \infty} \frac{x^{2n-1} + ax^3 + bx^2}{x^{2n} + 1}$$

[1.3] 次の関数の逆関数を求めよ.

(1) $y = \dfrac{x}{x-1}$, (2) $y = \dfrac{a^x + a^{-x}}{2}$

[1.4] 次の式の値を求めよ. ただし, 主値をとるものとする.

(1) $\cos^1\left(-\dfrac{1}{\sqrt{2}}\right) + \tan^{-1}(-\sqrt{3})$, (2) $\cos\left(\sin^{-1}\dfrac{4}{5} + \sin^{-1}\dfrac{5}{13}\right)$

[1.5] 次の方程式を解け.

$$\tan^{-1}\frac{1}{2} + \tan^{-1} x = \frac{\pi}{4}$$

1 変数の微分法

2.1 微分係数と導関数

連続な関数 $y = f(x)$ を考える．x が a から $a+h$ に変化したとき，関数の値は $f(a)$ から $f(a+h)$ に変化する．このとき y の変化分を x の変化分で割った

$$\frac{f(a+h) - f(a)}{(a+h) - a} = \frac{f(a+h) - f(a)}{h}$$

は，平均的な変化の割合となり，平均変化率とよばれる．平均変化率は，図 2.1 に示すように，関数を表す曲線上の 2 点 A, B を直線で結んだとき，その直線の傾きを表す．

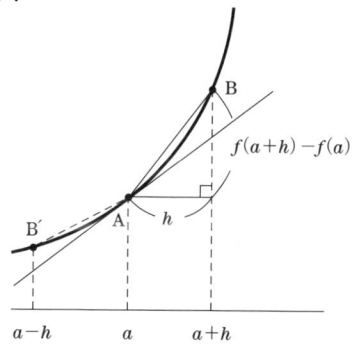

図 2.1 接線の傾き

ここで h を 0 に近づけてみよう．このとき，点 B は点 A に近づくから，平均変化率は曲線上の点 A における接線の傾きに近づき，$h \to 0$ の極限で接線の傾きに一致すると考えられる．この接線の傾きを $f'(a)$ と記すことにすれば，

$$f'(a) = \lim_{h \to 0} \frac{f(a+h) - f(a)}{h} \tag{2.1}$$

となる．この $f'(a)$，すなわち点 A での接線の傾きを関数 $f(x)$ の点 $x = a$ における微分係数とよんでいる．

微分係数についてもう少し詳しく見てみよう．図 2.1 では，点 A での微分係数を求める場合に，右から点 B を点 A に近づけた．すなわち，h を正に保ちながら，$h \to 0$ とした．そこでこのことを強調する場合には，式 (2.1) で $h \to +0$ として

$$f'(a) = \lim_{h \to +0} \frac{f(a+h) - f(a)}{h} \tag{2.2}$$

と書く．一方，点 B を左から点 A に近づけることもできる．この場合は，h を負に保ちながら近づけることになるので，式 (2.1) で $h \to -0$ として

$$f'(a) = \lim_{h \to -0} \frac{f(a+h) - f(a)}{h} \tag{2.3}$$

と書く．そこで，この両者が一致するときには，式 (2.2) と (2.3) は区別する必要はないので式 (2.1) のように書くことができる．このように細かいことをいうのは，たとえば図 2.2 のように連続な関数であっても曲線が折れ曲がっていることもあり得るからである．この図では点 A における接線は，式 (2.2) の意味では -1，式 (2.3) の意味では 1 になる．したがって，式 (2.1) の意味での微分係数は存在しない．

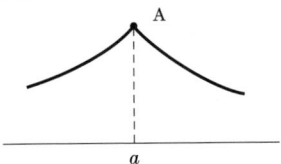

図 2.2 微分不可能な点

以下，ある区間で微分係数が存在する場合を考える．そのような場合を微分可能とよぶ．微分係数は接線の傾きを表し，図 2.1 に示したような曲線では点 A の位置が変化するとそれに応じて値も変化する．すなわち，微分係数は場所 x の関数とみなすことができる．微分係数をこのような見方をした場合，その微分係数をもとの関数の導関数とよび

$$y'(x), \quad f'(x), \quad \frac{dy}{dx}, \quad \frac{df}{dx}$$

などの記号を用いて表す．導関数を求めるには定義式を用いて計算したあと，文字を変数とみなせばよい．

例題 2.1
定義にしたがって $y = x^3 + 2x$ の導関数を求めよ．
$$y' = \lim_{h \to 0} \frac{(x+h)^3 + 2(x+h) - x^3 - 2x}{h}$$
$$= \lim_{h \to 0} \frac{3x^2h + 3xh^2 + h^3 + 2h}{h} = 3x^2 + 2$$

◇**問 2.1**◇ 定義にしたがって次の導関数を求めよ．
(1) x^2, (2) $x^4 + 3x^3$

このように，多くの場合は「h で割り算してから h を 0 とすればよい」が，この方法ではうまくいかないこともある．

例題 2.2
$y = \sin x$ の導関数を求めよ．
【解】 $y' = \lim_{h \to 0} \dfrac{\sin(x+h) - \sin x}{h} = \lim_{h \to 0} \dfrac{\sin x \cos h + \cos x \sin h - \sin x}{h}$
$= \lim_{h \to 0} \left(-\sin x \dfrac{1 - \cos h}{h} + \cos x \dfrac{\sin h}{h} \right)$
ここで
$$\lim_{h \to 0} \frac{1 - \cos h}{h} = \lim_{h \to 0} \sin \frac{h}{2} \frac{\sin(h/2)}{h/2} = 0, \quad \lim_{h \to 0} \frac{\sin h}{h} = 1$$
であるから
$$y' = \lim_{h \to 0} \frac{\sin(x+h) - \sin x}{h} = \cos x$$

その他，初等関数の導関数を表 2.1 にまとめておく．

導関数を 1 つの関数とすれば，その導関数も考えられる．これを 2 階導関数とよび
$$y''(x), \quad f''(x), \quad \frac{d^2y}{dx^2}, \quad \frac{d^2f}{dx^2}$$
などと記す．したがって，

表 2.1 主な関数の導関数

$f(x)$	$f'(x)$	備考
x^a	ax^{a-1}	
a^x	$a^x \log a$	$a > 0$
$\sin x$	$\cos x$	x：ラジアン
$\cos x$	$-\sin x$	〃
$\tan x$	$\sec^2 x$	〃
$\cot x$	$-\csc^2 x$	〃
$\sec x$	$\sec x \tan x$	〃
$\csc x$	$-\csc x \cot x$	〃
$\log x$	$\frac{1}{x}$	$x > 0$
$\sin^{-1} x$	$\frac{1}{\sqrt{1-x^2}}$	主値
$\cos^{-1} x$	$-\frac{1}{\sqrt{1-x^2}}$	〃
$\tan^{-1} x$	$\frac{1}{1+x^2}$	〃
$\cot^{-1} x$	$-\frac{1}{1+x^2}$	〃
$\sec^{-1} x$	$\frac{1}{|x|\sqrt{x^2-1}}$	〃
$\csc^{-1} x$	$-\frac{1}{|x|\sqrt{x^2-1}}$	〃

$$f''(x) = \lim_{h \to 0} \frac{f'(x+h) - f'(x)}{h} \tag{2.4}$$

である．2階導関数を求めることを2階微分するという．関数が連続であっても微分できないことがあったように，導関数が連続であっても微分できないことがある．したがって，ある関数が微分できても，2階微分できるとは限らない．

なお，3階微分，4階微分，…も同様に定義できる．

2.2 微分の公式

本節で述べる公式を用いれば，代表的な関数の導関数を用いて，いろいろな関数の導関数を計算することができる．

［和と差の導関数］

a, b を定数，$f(x), g(x)$ を微分可能な関数とする．このとき

$$\frac{d(af(x)+bg(x))}{dx} = a\frac{df}{dx} + b\frac{dg}{dx} \qquad (2.5)$$

となる．このことは，定義を使えば

$$\begin{aligned}
\frac{d(af(x)+bg(x))}{dx} &= \lim_{h\to 0}\frac{af(x+h)+bg(x+h)-af(x)-bg(x)}{h} \\
&= a\lim_{h\to 0}\frac{f(x+h)-f(x)}{h} + b\lim_{h\to 0}\frac{g(x+h)-g(x)}{h} \\
&= a\frac{df}{dx} + b\frac{dg}{dx}
\end{aligned}$$

となることからわかる．特に $a=b=1$ または $a=1, b=-1$ ととれば

$$\frac{d(f\pm g)}{dx} = \frac{df}{dx} \pm \frac{dg}{dx}$$

となる．

[積と商の導関数]

$f(x), g(x)$ を微分可能な関数（商のときは $g(x)\neq 0$）とする．このとき，

$$(fg)' = f'g + fg' \qquad (2.6)$$

$$\left(\frac{f}{g}\right)' = \frac{f'g - fg'}{g^2} \qquad (2.7)$$

が成り立つ．このことは，積の場合は

$$\begin{aligned}
(fg)' &= \lim_{h\to 0}\frac{f(x+h)g(x+h)-f(x)g(x)}{h} \\
&= \lim_{h\to 0}\frac{g(x+h)(f(x+h)-f(x))+f(x)(g(x+h)-g(x))}{h} \\
&= \lim_{h\to 0}\frac{g(x+h)(f(x+h)-f(x))}{h} + \lim_{h\to 0}\frac{f(x)(g(x+h)-g(x))}{h} \\
&= f'g + fg'
\end{aligned}$$

のようにして示すことができる．商については

$$\frac{d}{dx}\left(\frac{1}{g(x)}\right) = \lim_{h\to 0}\left(\frac{1}{g(x+h)} - \frac{1}{g(x)}\right)\bigg/h$$

$$= \lim_{h \to 0} \left(-\frac{1}{g(x+h)g(x)} \frac{g(x+h) - g(x)}{h} \right) = -\frac{g'(x)}{(g(x))^2}$$

すなわち

$$\frac{d}{dx}\left(\frac{1}{g(x)}\right) = -\frac{g'(x)}{(g(x))^2} \tag{2.8}$$

となるから，商を $f(x) \times 1/g(x)$ と考えて，式 (2.6) を使えばよい．

また 3 つの関数 p, q, r の積の微分に対しても，$pq = f$, $r = g$ と考えて式 (2.6) を繰り返して用いればよい．4 つ以上の場合も同様である．

◇問 **2.2**◇ $(pqr)' = p'qr + pq'r + pqr'$ を証明せよ．

[合成関数の導関数]

y が x の関数 $y = f(x)$ で，さらに z が y の関数 $g(y)$ であるとする．x が変化したとき y が変化し，またそれに応じて z が変化するため，z は x の関数とみなせる．この関数を f と g の合成関数とよび，

$$z = g(f(x))$$

と記すことは第 1 章で述べた．この関数 z を x で微分してみよう．x が $x + h$ にわずかに変化したとき，y は $f(x)$ から $f(x+h)$ にわずかに変化し，また z も $g(f(x))$ から $g(f(x+h))$ にわずかに変化する．したがって

$$\begin{aligned} \frac{dg(f(x))}{dx} &= \lim_{h \to 0} \frac{g(f(x+h)) - g(f(x))}{x + h - x} \\ &= \lim_{h \to 0} \frac{g(f(x+h)) - g(f(x))}{f(x+h) - f(x)} \frac{f(x+h) - f(x)}{h} = \frac{dg}{df}\frac{df}{dx} \end{aligned}$$

となる．すなわち次式が成り立つ．

$$\frac{dg(f(x))}{dx} = \frac{dg}{df}\frac{df}{dx}$$

例題 2.3

次の関数を微分せよ．
(1) $(x^2 - 3x + 2)^4$, (2) $\sqrt{\cos x}$

【解】 (1) $((x^2-3x+2)^4)' = 4(x^2-3x+2)^3(x^2-3x+2)'$
$= 4(2x-3)(x^2-3x+2)$
(2) $\dfrac{d}{dx}\sqrt{\cos x} = \dfrac{1}{2\sqrt{\cos x}}(\cos x)' = -\dfrac{\sin x}{\sqrt{\cos x}}$

◇問 **2.3**◇　次の関数を微分せよ．

(1) e^{x^2+2x},　(2) $\log \sin 2x$

［逆関数の導関数］

$f(x)$ の逆関数 $y = f^{-1}(x)$ は定義から
$$f(y) = f(f^{-1}(x)) = x$$
を満足する．そこで，上の式を x で微分すると合成関数の微分法から
$$1 = \dfrac{df}{dx} = \dfrac{df}{dy}\dfrac{dy}{dx} = \dfrac{dx}{dy}\dfrac{dy}{dx}$$
となる．したがって
$$\dfrac{dy}{dx} = \dfrac{1}{dx/dy} \quad \text{または} \quad f'(x) = 1/g'(y)$$
が得られる．ただし，$g'(y) \neq 0$ とする．

例題 2.4

次の関数を逆関数の微分法を用いて微分せよ．
(1) $y = \sqrt{x}$,　(2) $y = \log x$,　(3) $y = \sin^{-1} x$（主値）
【解】 (1) $x = y^2$ より　　$dy/dx = 1/(dx/dy) = 1/2y = 1/(2\sqrt{x})$
(2) $x = e^y$ より　　　　$dy/dx = 1/(dx/dy) = 1/e^y = 1/x$
(3) $x = \sin y$ より　　　$dy/dx = 1/(dx/dy) = 1/\cos y$
$ = 1/\sqrt{1-\sin^2 y} = 1/\sqrt{1-x^2}$

◇問 **2.4**◇　次の関数を微分せよ．

(1) $y = \cos^{-1} x$,　(2) $y = \tan^{-1} x$

［媒介変数を含んだ関数の導関数］

x, y が t の関数で

$$x = f(t), \quad y = g(t)$$

であるとする．このとき，$t = f^{-1}(x)$ であるから，$y = g(f^{-1}(x))$ となり，y は x の関数となる．y を x で微分すれば，合成関数および逆関数の微分法から

$$\frac{dy}{dx} = \frac{dg}{df^{-1}} \frac{df^{-1}}{dx} = \frac{dg}{dt} \frac{dt}{dx} = \frac{dy/dt}{dx/dt}$$

となる．すなわち，次式が成り立つ．

$x = f(t), y = g(t)$ のとき

$$\frac{dy}{dx} = \frac{dy/dt}{dx/dt}$$

例題 2.5

$x = a(t - \sin t), \ y = a(1 - \cos t)$ とする．$t = \pi/2$ のとき，dy/dx の値を求めよ．

【解】 $dx/dt = a(1 - \cos t), \ dy/dt = a \sin t$ であるから，$dy/dx = \sin t/(1 - \cos t)$．この式に $t = \pi/2$ を代入すれば導関数の値は 1 となる．

2.3 平均値の定理

関数 $f(x)$ が区間 I で微分可能であるとする．この関数が点 $x = a$ で最大値または最小値をとったとすれば，$f'(a) = 0$ が成り立つ．最大値の場合について理由を考えてみよう．仮定から $f(a)$ は最大値であるから

$$f(a+h) \leq f(a) \quad \text{すなわち} \quad f(a+h) - f(a) \leq 0$$

となる．そこで

$$h > 0 \text{ なら } \quad \frac{f(a+h) - f(a)}{h} \leq 0$$
$$h < 0 \text{ なら } \quad \frac{f(a+h) - f(a)}{h} \geq 0$$

となるため，

2.3 平均値の定理

$$f'(a) = \lim_{h \to +0} \frac{f(a+h) - f(a)}{h} \leq 0$$

$$f'(a) = \lim_{h \to -0} \frac{f(a+h) - f(a)}{h} \geq 0$$

となる．$f(x)$ は微分可能なので，両方の $f'(a)$ は等しくなり，両式がともに成り立つためには $f'(a) = 0$ である必要がある．最小値の場合も同様に証明できる．

この事実を用いると次の定理（ロル（Rolle）の定理）が証明できる．

関数 $f(x)$ が閉区間 $[a, b]$ で連続で開区間 (a, b) で微分可能とする．このときもし $f(a) = f(b) = 0$ であれば，$f'(x) = 0$ を満足する x が開区間 (a, b) に少なくとも1つある．

はじめに図 2.3 を用いて定理の意味を見ておこう．定理の仮定から $y = f(x)$ の形は図のように，点 $x = a$，$x = b$ で x 軸と交わっている．$f'(x) = 0$ を満足するということは，その点での接線の傾きが 0 を意味するから，定理はこのような曲線には必ず x 軸と平行な接線が引けるという，いわば当然のこと主張している．

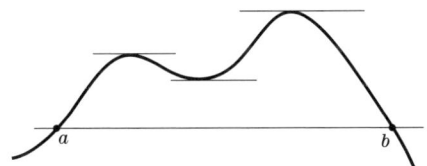

図 2.3 ロルの定理

証明は次のようにする．まず $f(x)$ が恒等的に 0 であれば定理は正しいので，恒等的には 0 でないとしよう．このとき $f(x)$ はどこかで正または負になるが，区間内で連続であるので，絶対値が無限大にはならず，必ず最大値または最小値をとる．そこで前述した定理から，最大値または最小値をとる点で $f'(x) = 0$ となる．

このロルの定理を用いれば，次の平均値の定理とよばれる重要な定理が証明できる．

関数 $f(x)$ が区間 $[a, b]$ で連続で区間 (a, b) で微分可能とする．このとき
$$f(b) - f(a) = (b - a)f'(c) \tag{2.9}$$

を満足するような $x=c$ が区間 (a,b) に少なくとも1つ存在する．

この定理の意味も図を描けばはっきりする．すなわち，
$$\frac{f(b)-f(a)}{b-a}$$
は図 2.4 の点 A, B を通る直線の傾きである．そこで，平均値の定理は点 A, B の間でこの直線に平行な接線が $y=f(x)$ に対して必ず引けることを主張している．

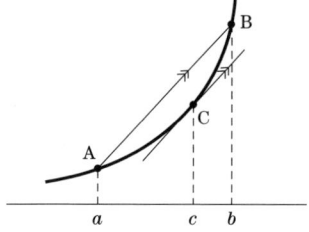

図 2.4 平均値の定理

証明は次のようにする．
$$F(x) = f(b) - f(x) - k(b-x)$$
とおく．この関数は仮定から微分可能性等の条件をみたし，また $F(b)=0$ もみたす．ここで $F(a)=0$ となるように，k を決めると
$$k = \frac{f(b)-f(a)}{b-a} \tag{2.10}$$
となる．したがって，k としてこの値を用いれば，ロルの定理より $F'(x)=0$ を満足する点 $x=c$ が区間内に存在する．一方，
$$F'(x) = -f'(x) + k$$
であるから
$$F'(c) = -f'(c) + k = 0$$
となり，この式から得られる $k=f'(c)$ を式 (2.10) に代入すれば式 (2.9) になる．

平均値の定理はよく用いられるので少し変形しておこう．点 $x=c$ は $x=a$ と $x=b$ の間にあるから

2.3 平均値の定理

$$c = a + (b-a)\theta \quad (0 < \theta < 1)$$

と書ける．このとき式 (2.9) は

$$f(b) = f(a) + (b-a)f'(a+(b-a)\theta) \quad (0 < \theta < 1) \tag{2.11}$$

となる．さらに $b = a+h$ とおけば

$$f(a+h) = f(a) + hf'(a+h\theta) \quad (0 < \theta < 1) \tag{2.12}$$

となる．式 (2.9) において，b を変数とみなして $b = x$ とおけば

$$f(x) = f(a) + (x-a)f'(c) \quad (a < c < x) \tag{2.13}$$

となるが，この式は関数 $f(x)$ を 1 次関数で近似している式とみなすことができる．すなわち，<u>微分係数とは関数を 1 次式で近似したときの x の係数である</u>といえる．

平均値の定理を拡張すれば次の定理が得られる．

関数 $f(x)$ が区間 $[a,b]$ で連続で，$f(x)$, $f'(x)$ が区間 (a,b) で微分可能とする．このとき

$$f(b) - f(a) = (b-a)f'(a) + \frac{1}{2}(b-a)^2 f''(c) \tag{2.14}$$

を満足するような $x = c$ が区間 (a,b) に少なくとも 1 つ存在する．

証明は平均値の定理と同様にできる．すなわち，

$$F(x) = f(b) - f(x) - (b-x)f'(x) - k(b-x)^2 \tag{2.15}$$

とおけば，この関数は区間 (a,b) で 2 階微分可能（$f(x)$ と $f'(x)$ が微分可能なこと）であり，また $F(b) = 0$ をみたす．ここで

$$F(a) = f(b) - f(a) - (b-a)f'(a) - k(b-a)^2 = 0 \tag{2.16}$$

となるように k を選ぶ（上式を k について解けばよい）と，ロルの定理から

$$F'(c) = 0$$

を満足する c が区間 (a,b) に存在する．一方，式 (2.15) から

$$F'(x) = -f'(x) + f'(x) - (b-x)f''(x) + 2k(b-x)$$

が得られるから

$$0 = F'(c) = -(b-c)f''(c) + 2k(b-c)$$

となる．この式を k について解いて式 (2.16) に代入すれば，証明すべき式 (2.14) が得られる．

平均値の定理と同様，上の定理の関係式は

$$f(b) = f(a) + (b-a)f'(a) + \frac{1}{2}(b-a)^2 f''(a+(b-a)\theta) \quad (0 < \theta < 1) \quad (2.17)$$

または

$$f(a+h) = f(a) + hf'(a) + \frac{1}{2}h^2 f''(a+h\theta) \quad (0 < \theta < 1) \quad (2.18)$$

と書き換えられる．式 (2.14) で $b = x$ とおけば

$$f(x) = f(a) + (x-a)f'(a) + \frac{1}{2}(x-a)^2 f''(c) \quad (2.19)$$

となるが，このことから<u>2 階微分係数 (の 1/2) は，関数を 2 次式で近似したときの 2 次の項の係数である</u>ことがわかる．

> **例題 2.6**
> 関数 $f(x)$ と $g(x)$ は区間 $[a,b]$ で連続，(a,b) で微分可能であり，$g'(x) \neq 0$ とする．このとき，
>
> $$\frac{f(b) - f(a)}{g(b) - g(a)} = \frac{f'(\xi)}{g'(\xi)} \quad (2.20)$$
>
> を満足する ξ が，a と b の間に少なくとも 1 つ存在することを示せ（コーシー（Cauchy）の平均値の定理）．
>
> 【解】 平均値の定理から $g(b) - g(a) = (b-a)g'(\xi)$ であり，$g'(\xi) \neq 0$ であるから式 (2.20) の分母は 0 でない．いま，
>
> $$f(b) - f(a) = k(g(b) - g(a)) \quad (2.21)$$
>
> となるように k を決めて
>
> $$F(x) = f(b) - f(x) - k(g(b) - g(x))$$

とおく．$F(x)$ は区間 $[a,b]$ で連続で，かつ

$$F'(x) = -f'(x) + kg'(x)$$

であるため，同じ区間で有限確定値をとる．また

$$F(b) = 0, \quad F(a) = 0$$

である．したがって，ロルの定理から a と b の間に $F'(x) = 0$ をみたす x が少なくとも 1 つ存在する．それを $x = \xi$ とすれば

$$0 = F'(\xi) = -f'(\xi) + kg'(\xi), \quad \text{すなわち} \quad k = f'(\xi)/g'(\xi)$$

となる．そこで式 (2.21) にこの値を代入すればよい．

◇問 2.5◇　$f(x) = x^2$ のとき，$f(a+h) - f(a) = hf'(a+\theta h)$ を満足する θ の値を求めよ．

2.4 微分法の応用

　微分は多方面で利用されるが，本節ではその中で関数の概形を描く方法を紹介する．
　まず，$y = f(x)$ に対して，$f'(a) > 0$ であれば，その関数は a の近くで単調増加している．このことは，式 (2.14) から関数が a の近くで 1 次関数で表され，その傾きが正であることからわかる．同様に $f'(a) < 0$ であれば，その関数は a の近くで単調減少している．$f'(a)$ が符号を変化させるとき，関数は増加から減少に，あるいは減少から増加に転ずる．いいかえれば，関数は $f'(x) = 0$ をみたす点で極大値または極小値をとる．その点が極大値であるか極小値であるかは 2 階微分係数を用いて判断できる．式 (2.19) より，2 階微分係数は，関数を 2 次関数で近似したときの 2 次の項の係数になっている．放物線を思い出せば，その係数が正ならば下に凸，負ならば上に凸になる．したがって，$f'(x) = 0$ をみたす点において $f''(x) > 0$ ならば極小値，$f''(x) < 0$ ならば極大値となる．このようなことを用いれば以下の例題に示すように曲線の概形を描くことができる．

例題 2.7

曲線 $y = x^5 - 5x^4 + 5x^3 + 10$ の極値を求め，曲線の概形を描け．

【解】
$$y' = 5x^4 - 20x^3 + 15x^2 = 5x^2(x-1)(x-3)$$

であるから，$y' = 0$ をみたす点は，$x = 0$，または 1，または 3 である．y' の符号を調べて増減表をつくれば表 2.2 のようになる．したがって，$x = 1$ のとき極大値 11 をとり，$x = 3$ のとき極小値 -17 をとることがわかる．ただし，$x = 0$ は極大値でも極小値でもない*．さらに $x \to -\infty$ のとき，$y \to -\infty$ であり，$x \to +\infty$ のとき，$y \to +\infty$ である．以上のことを考慮して概形を描けば図 2.5 のようになる．

表 2.2 $y = x^5 - 5x^4 + 5x^3 + 10$ の増減表

x	$-\infty$		0		1		3		$+\infty$
y'		+	0	+	0	−	0	−	
y	$-\infty$	↗	10	↗	11	↘	-17	↗	$+\infty$

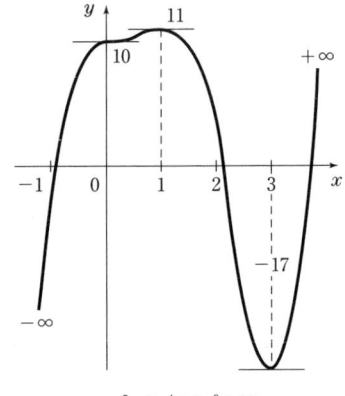

$y = x^5 - 5x^4 + 5x^3 + 10$

図 2.5 曲線の概形

例題 2.8

曲線 $y = 2\sin x + \sin 2x$ の概形を描け．ただし，$0 \leq x \leq 2\pi$ とする．

---

* すなわち，$f'(x) = 0$ は極大値または極小値をとるための必要条件であって，$f'(x) = 0$ の根がすべて $f(x)$ を極大または極小にするとは限らない．

【解】
$y' = 2\cos x + 2\cos 2x = 2(\cos x + 2\cos^2 x - 1) = 2(2\cos x - 1)(\cos x + 1)$
したがって，$y' = 0$ をみたす点は $\cos x = 1/2$ または $\cos x = -1$，すなわち $x = \pi/3$，π，$5\pi/3$．極大値は $x = \pi/3$ のとき $3\sqrt{3}/2$ であり，極小値は $x = 5\pi/3$ のとき $-3\sqrt{3}/2$ である．これらのことと $1 + \cos x \geq 0$ を考慮して増減表をつくれば表 2.3 のようになる．また曲線の概形は図 2.6 のようになる．

表 2.3 $y = 2\sin x + \sin 2x$ の増減表

x	0		$\frac{\pi}{3}$		π		$\frac{5}{3}\pi$		2π
y'		+	0	−	0	−	0	+	
y	0	↗	$\frac{3\sqrt{3}}{2}$	↘	0	↘	$-\frac{3\sqrt{3}}{2}$	↗	0

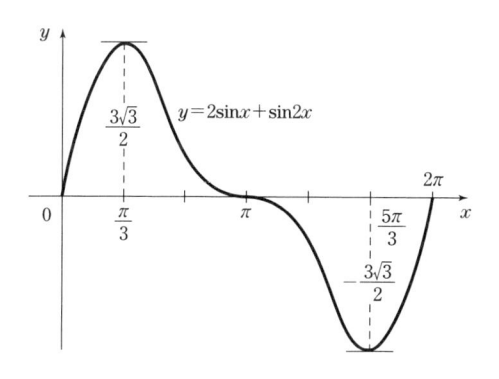

図 2.6 曲線の概形

◇**問 2.6**◇ 次の関数の概形を描け．

(1) $y = x^3 - 4x$，(2) $y = e^x + e^{-x}$，(3) $y = \log(1 + x^2)$

▷**章末問題**◁

[2.1] 次の関数を微分せよ．

(1) $(x^3 + 2x)\sqrt{2 - x^2}$，(2) $\dfrac{2x + 3}{x^2 - 3x + 2}$，(3) $\dfrac{x}{x + \sqrt{a^2 - x^2}}$，

(4) $\sqrt{\dfrac{1+\sin x}{1-\sin x}}$, (5) $\log(\log x)$

[2.2] 関数 $\log y = g(x)$ の両辺を微分すれば $dy/dx = yg'(x) = g(x)dg/dx$ となることを示せ．これを対数微分という．

[2.3] 対数微分を用いて次の関数を微分せよ．

(1) $\dfrac{(x+2)^2}{(x+3)^2(x+4)^2}$, (2) $\sqrt{\dfrac{(x-a)(x-b)}{(x-c)(x-d)}}$, (3) x^x

[2.4] (1) 関数 $y = f(x)$ 上の点，「$x_1, f(x_1)$」における接線は $y = f'(x_1)(x - x_1) + f(x_1)$ で与えられることを示せ．

(2) $x^2/4 + y^2/8 = 1$ の $x = 1$ に対応する点における接線を求めよ．

[2.5] 弧の長さが一定値 a である円弧と弦に囲まれた部分の面積の最大値を求めよ．

[2.6] $y = (x+2)^2(x-1)^{2/3}$ のグラフの概形を描け．次に方程式 $(x+2)^2(x-1)^{2/3} = a$ の実根の数を a の値により分類せよ．

3

1変数の積分法

3.1 不定積分

微分の逆の演算を考えよう．すなわち，関数 $f(x)$ が与えられた場合に，微分したときに $f(x)$ となるような関数 $F(x)$ を求めることを考える．この $F(x)$ をもとの関数 $f(x)$ の原始関数とよび，

$$F(x) = \int f(x)dx \tag{3.1}$$

という記号で表す．したがって，定義から

$$\frac{d}{dx}\int f(x)dx = f(x) \tag{3.2}$$

が成り立つ．$f(x)$ の原始関数を求めることを，$f(x)$ を不定積分する（あるいは簡単に積分する）という．ここで，$f(x)$ の原始関数は 1 通りではないことに注意する．すなわち，C を任意の定数とした場合，$F(x)$ と $F(x)+C$ のどちらを微分しても同じ $f(x)$ を与える．いいかえれば，原始関数には定数だけの不定性がある．不定積分の不定という言葉にはこの意味がある*．

不定積分は微分の逆演算なので，簡単な関数の不定積分は以下のようになる（任意定数省略）．このことは両辺を微分することにより確かめることができる．

$$\int x^\alpha dx = \frac{1}{\alpha+1}x^{\alpha+1} \ (\alpha \neq -1), \quad \int \frac{1}{x}dx = \log|x|, \quad \int e^x dx = e^x,$$

$$\int \log x dx = x\log x - x, \quad \int \sin x dx = -\cos x, \quad \int \cos x dx = \sin x,$$

---

* 以下，不定積分を表す場合に任意定数 C を書くのがわずらわしいときには任意定数を省略することがあるが，不定積分が現れた場合には常にこのような任意性があることに注意する．

$$\int \tan x\,dx = -\log|\cos x|, \quad \int \frac{1}{x^2+1}dx = \tan^{-1}x, \quad \int \frac{1}{\sqrt{1-x^2}}dx = \sin^{-1}x$$

3.2 不定積分の性質

本節で述べる公式を用いれば，代表的な関数の不定積分を用いて，いろいろな関数の不定積分を計算することができる．

[和と差の不定積分]

a,b を定数とする．このとき

$$\int (af(x)+bg(x))dx = a\int f(x)dx + b\int g(x)dx \tag{3.3}$$

となる．このことは，両辺を微分して確かめることができる．式 (3.3) を一般化すれば

$$\int \sum_{n=1}^{N} a_n f_n(x)dx = \sum_{n=1}^{N} a_n \int f_n(x)dx \tag{3.4}$$

が成り立つこともわかる．ただし，a_n は定数である．

例題 3.1

次の積分を計算せよ．

(1) $\int (x^2-3x+2)dx$, (2) $\int (4\sin x - 6e^x)dx$

【解】 (1) $\int (x^2-3x+2)dx = \int x^2 dx - 3\int x\,dx + 2\int dx$
$$= \frac{x^3}{3} - \frac{3x^2}{2} + 2x + C$$

(2) $\int (4\sin x - 6e^x)dx = 4\int \sin x\,dx - 6\int e^x dx = -4\cos x - 6e^x + C$

◇問 3.1◇ 次の不定積分を求めよ．

(1) $\int (x^2+1)(x-2)dx$, (2) $\int \frac{x^2-3x+2}{x}dx$, (3) $\int (x^{3/2}-2x^{-1/2})dx$

[置換積分]

合成関数の微分法に対応する積分演算に置換積分がある．これは関数 $f(x)$ の x が別の関数によって $x = g(t)$ と表せるとき，次のような計算ができることを示している．

$$\int f(x)dx = \int f(g(t))\frac{dg}{dt}dt \tag{3.5}$$

なぜなら，

$$\int f(x)dx = F(x) = F(g(t))$$

とおくと，合成関数の微分法から

$$\frac{dF}{dt} = \frac{dF}{dx}\frac{dx}{dt} = \frac{dF}{dx}\frac{dg}{dt}$$

となるが，両辺を t で不定積分すると

$$F(x) = \int \frac{dF}{dt}dt = \int \frac{dF}{dx}\frac{dg}{dt}dt$$

となる．ここで

$$F(x) = \int f(x)dx, \quad \frac{dF}{dx} = f(x) = f(g(t))$$

を上式の左辺および右辺に代入すれば式 (3.5) が得られる．

例題 3.2

次の積分の値を求めよ．

(1) $\int \cos 2x\, dx$, (2) $\int (-3x+1)^{-2} dx$, (3) $\int \sin^4 2x \cos 2x\, dx$

【解】(1) $2x = t$ とおくと $dx/dt = 1/2$，したがって

$$\int \cos 2x\, dx = \int (\cos t)\frac{1}{2}dt = \frac{1}{2}\sin t + C = \frac{1}{2}\sin 2x + C$$

または $d(2x)/dx = 2$ を $dx = d(2x)/2$ と考えて，$2x$ を 1 つの文字とみなせば

$$\int \cos 2x dx = \frac{1}{2} \int \cos 2x d(2x) = \frac{1}{2} \sin 2x + C$$

(2) $-3x + 1 = t$ とおくと $dx/dt = -1/3$, したがって

$$\int (-3x+1)^{-2} dx = \int t^{-2} \left(\frac{-1}{3} \right) dt = \frac{1}{3} t^{-1} + C = \frac{1}{3(1-3x)} + C$$

または $d(-3x+1)/dx = -3$ を $dx = -d(-3x+1)/3$ と考えて, $-3x+1$ を 1 つの文字とみなせば

$$\int (-3x+1)^{-2} dx = -\frac{1}{3} \int (-3x+1)^{-2} d(-3x+1) = \frac{1}{3(-3x+1)} + C$$

(3) $\sin 2x = t$ とおけば, $dt/dx = 2\cos 2x$ より, $dx/dt = 1/(2\cos 2x)$, したがって

$$\int \sin^4 2x \cos 2x dx = \int t^4 \frac{\cos 2x}{2\cos 2x} dt = \frac{t^5}{10} + C = \frac{\sin^5 2x}{10} + C$$

または, $d\sin 2x/dx = 2\cos 2x$ を $d\sin 2x/2 = \cos 2x dx$ と考えて, $\sin 2x$ を 1 つの文字とみなせば

$$\int \sin^4 2x \cos 2x dx = \frac{1}{2} \int (\sin^4 2x) d\sin 2x = \frac{\sin^5 2x}{10} + C$$

◇**問 3.2**◇　次の不定積分を求めよ.

(1) $\int (4-3x)^4 dx$,　(2) $\int \frac{x}{(x^2+1)^3} dx$,　(3) $\int \frac{\cos^3 2x}{\sin^4 2x} dx$

［部分積分］
積の微分法の関係式を用いれば，部分積分とよばれる次の公式

$$\int f'(x)g(x) dx = f(x)g(x) - \int f(x) g'(x) dx \qquad (3.6)$$

が得られる．なぜなら,

$$f(x)g(x) = \int \frac{d(fg)}{dx} dx = \int \left(\frac{df}{dx} g + f \frac{dg}{dx} \right) dx$$

3.2 不定積分の性質

$$= \int f'(x)g(x)dx + \int f(x)g'(x)dx$$

が成り立つからである．式 (3.6) は $f'(x)$ を $f(x)$ でおき換えれば，$f(x)$ の不定積分を $F(x)$ として，次のように書き換えられる．

$$\int f(x)g(x)dx = F(x)g(x) - \int F(x)g'(x)dx \tag{3.7}$$

したがって，
「fg の積分を計算する場合，f を積分して g をかけたものから，積分結果 (F) はそのままにしてそれに g' をかけて積分したものを引けばよい」
ことがわかる．

例題 3.3
次の積分を部分積分を用いて計算せよ．

(1) $\int \log x \, dx$ ($\log x = 1 \times \log x$ とする), (2) $\int x \cos x \, dx$

【解】 (1) $\int \log x \, dx = x \log x - \int x(\log x)' dx = x \log x - \int dx$
$= x \log x - x + C$

(2) $\int x \cos x \, dx = x \sin x - \int (x)' \sin x \, dx = x \sin x + \cos x + C$

例題 3.4
$a, b \neq 0$ のとき $\int e^{ax} \sin bx \, dx$ を求めよ．

【解】 求める不定積分を I とおくと，

$$I = \int e^{ax} \sin bx \, dx = \frac{1}{a} e^{ax} \sin bx - \frac{b}{a} \int e^{ax} \cos bx \, dx$$

$$= \frac{1}{a} e^{ax} \sin bx - \frac{b}{a^2} e^{ax} \cos bx - \frac{b^2}{a^2} \int e^{ax} \sin bx \, dx + \tilde{C}$$

$$= \left(\frac{a \sin bx - b \cos bx}{a^2} \right) e^{ax} - \frac{b^2}{a^2} I + \tilde{C} \quad (\tilde{C}：任意定数)$$

したがって，上式を I について解いて

$$I = \frac{e^{ax}}{a^2 + b^2} (a \sin bx - b \cos bx) + C \quad (C：任意定数)$$

例題 3.5

(1) $I_n = \int x^n e^{ax} dx$ とおく．I_n と I_{n-1} の関係を求めよ．

(2) I_0 と I_3 を求めよ．

【解】 (1) $I_n = \dfrac{1}{a} x^n e^{ax} - \dfrac{n}{a} \int x^{n-1} e^{ax} dx = \dfrac{x^n}{a} e^{ax} - \dfrac{n}{a} I_{n-1}$

(2) $I_0 = \int e^{ax} dx = \dfrac{1}{a} e^{ax} + C$

$$I_3 = \dfrac{x^3}{a} e^{ax} - \dfrac{3}{a} I_2 = \dfrac{x^3}{a} e^{ax} - \dfrac{3}{a} \left(\dfrac{x^2}{a} e^{ax} - \dfrac{2}{a} I_1 \right)$$

$$= \dfrac{x^3}{a} e^{ax} - \dfrac{3x^2}{a^2} e^{ax} + \dfrac{6}{a^2} \left(\dfrac{x}{a} e^{ax} - \dfrac{I_0}{a} \right)$$

$$= \left(\dfrac{x^3}{a} - \dfrac{3x^2}{a^2} + \dfrac{6x}{a^3} - \dfrac{6}{a^4} \right) e^{ax} + C$$

◇問 **3.3**◇ 次の不定積分を求めよ．

(1) $\int x \tan^{-1} x dx$, (2) $\int \sin x \log(\cos x) dx$, (3) $\int \sin^{-1} x dx$

3.3 不定積分の計算例

すでにいくつかの初等関数の不定積分は使ってきたが，本節では公式の形にまとめておく．これらは，両辺を積分することにより直接に確かめられる．

(1) $\displaystyle \int (x+a)^m dx = \dfrac{1}{m+1} (x+a)^{m+1} dx + C \quad (m \neq 0)$

(2) $\displaystyle \int \dfrac{1}{x+a} dx = \log|x+a| + C$

(3) $\displaystyle \int e^{mx} dx = \dfrac{1}{m} e^{mx} + C$

(4) $\displaystyle \int a^{mx} dx = \dfrac{1}{m \log a} a^{mx} + C$

(5) $\displaystyle \int \sin mx dx = -\dfrac{1}{m} \cos mx + C, \quad \int \cos mx dx = \dfrac{1}{m} \sin mx + C$

(6) $\displaystyle\int \sec^2 mx\, dx = \frac{1}{m}\tan mx + C,\ \int \mathrm{cosec}^2\, mx\, dx = -\frac{1}{m}\cot mx + C$

(7) $\displaystyle\int \tan mx\, dx = -\frac{1}{m}\log|\cos mx| + C,$

$\displaystyle\int \cot mx\, dx = \frac{1}{m}\log|\sin mx| + C$

(8) $\displaystyle\int \frac{1}{\sin mx}\, dx = \frac{1}{m}\log\left|\tan\frac{mx}{2}\right| + C,$

$\displaystyle\int \frac{1}{\cos mx}\, dx = \frac{1}{m}\log|\sec mx + \tan mx| + C$

(9) $\displaystyle\int \frac{dx}{\sqrt{a^2 - x^2}} = \sin^{-1}\frac{x}{a} + C \quad \left(a > 0,\ -\frac{\pi}{2} < \sin^{-1} x < \frac{\pi}{2}\right)$

(10) $\displaystyle\int \frac{dx}{x^2 + a^2} = \frac{1}{a}\tan^{-1}\frac{x}{a} + C \quad \left(a \neq 0,\ -\frac{\pi}{2} < \sin^{-1} x < \frac{\pi}{2}\right)$

(11) $\displaystyle\int \frac{dx}{\sqrt{x^2 + a^2}} = \log(x + \sqrt{x^2 + a^2}),$

$\displaystyle\int \frac{dx}{\sqrt{x^2 - a^2}} = \log|x + \sqrt{x^2 - a^2}|$

次にこれらの公式や置換積分,部分積分を用いて求まる不定積分の例をいくつかあげる.

例題 3.6

次の不定積分を求めよ.

(1) $\displaystyle\int \frac{1}{x^2 - a^2}\, dx,$ (2) $\displaystyle\int \frac{1}{x^3 + 1}\, dx$

【解】

(1) $\displaystyle\int \frac{1}{x^2 - a^2}\, dx = \frac{1}{2a}\int \left(\frac{1}{x - a} - \frac{1}{x + a}\right) dx = \frac{1}{2a}\log\left|\frac{x - a}{x + a}\right| + C$

(2) $\displaystyle\frac{1}{x^3 + 1} = \frac{1}{3}\left(\frac{1}{x + 1} - \frac{x - 2}{x^2 - x + 1}\right)$

$\displaystyle\qquad = \frac{1}{3}\frac{1}{x + 1} - \frac{1}{6}\frac{2x - 1}{x^2 - x + 1} + \frac{1}{2}\frac{1}{(x - 1/2)^2 + (\sqrt{3}/2)^2}$

$$\int \frac{1}{x^3+1}dx$$
$$= \frac{1}{3}\int \frac{dx}{x+1} - \frac{1}{6}\int \frac{(2x-1)dx}{x^2-x+1} + \frac{1}{2}\int \frac{dx}{(x-1/2)^2+(\sqrt{3}/2)^2}$$
$$= \frac{1}{3}\log|x+1| - \frac{1}{6}\log(x^2-x+1) + \frac{1}{\sqrt{3}}\tan^{-1}\frac{2x-1}{\sqrt{3}} + C$$

◇問 3.4◇ 次の不定積分を求めよ.

(1) $\displaystyle\int \frac{1}{(x-2)^2(x-1)}dx$, (2) $\displaystyle\int \frac{1}{x+\sqrt{x-1}}dx$ ($\sqrt{x-1}=t$ とおく)

3.4 面積と定積分

連続な関数 $y=f(x)$ と直線 $x=a$, $x=b$ および x 軸とで囲まれた部分の面積 (図 3.1) を定積分とよび, 記号

$$\int_a^b f(x)dx \tag{3.8}$$

で表すことにしよう. ここで a を (定) 積分の下端, b を上端とよぶ. この場合, 定積分は面積を表すため, あくまで 1 つの数値であり, 不定積分のような関数とは異なる. もっとも, 積分の上端 (下端) を固定せずに x と書いて変化させれば, それに応じて面積も変化するため, このような場合は x の関数とみなすことができる. なお, 定積分を不定積分と似たような記号で表すのは, 3.6 節で述べるように定積分と不定積分は密接な関係があるからである.

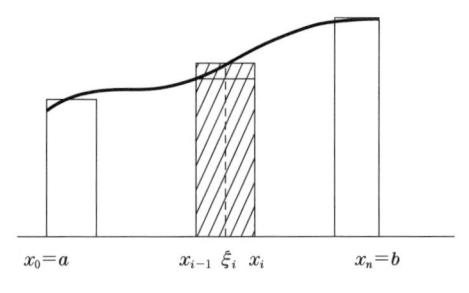

図 3.1 定積分

ここで，定積分を数学的にはっきりと定義しておこう．曲線 $y = f(x)$ と $x = a$, $x = b$ ($a < b$ とする) および x 軸との間の面積を以下のように求めることにする．すなわち，区間 $[a, b]$ を図 3.1 のように n 個の小区間に分け，左から順に区分点を

$$x_0(=a), x_1, x_2, \cdots, x_n(=b)$$

とする．各区間幅は同じである必要はないが，$n \to \infty$ のとき最大区間幅も 0 になるようにする．いま左から i 番目の 1 つの小区間を取り出して考える．この小区間の左右両端の座標をそれぞれ x_{i-1}, x_i とする（したがって，$a = x_0$, $b = x_n$ となる）．そして小区間 $[x_{i-1}, x_i]$ 内の任意の一点 P の座標を $x = \xi_i$ とする．このとき，

$$S_i = f(\xi_i)(x_i - x_{i-1})$$

は図の斜線部分で示された短冊の面積の近似値と考えられる[*1]．求めるべき全体の面積 S は，短冊をすべて足し合わせたものと考えられるため，

$$S = \sum_{i=1}^{n} S_i = \sum_{i=1}^{n} f(\xi_i)(x_i - x_{i-1})$$

で近似される[*2]．S が $n \to \infty$ のとき区間幅や ξ_i の選び方によらずに，1 つの有限確定な値に収束するとき，関数 $f(x)$ が（定）積分可能であるといい，式 (3.8) のように記す．すなわち

$$\int_a^b f(x)dx = \lim_{n \to \infty} \sum_{i=1}^{n} f(\xi_i)(x_i - x_{i-1}) \tag{3.9}$$

である．このとき以下の事実が知られている．

「$f(x)$ が区間 $[a, b]$ において連続ならば，$f(x)$ は積分可能である」
証明は難しくないが少し長くなるので省略する．

[*1] ここで面積は符号をもっていることに注意する．すなわち $y = f(x)$ が x 軸の下にあれば，この面積は負になる．
[*2] この S はリーマン (Riemann) 和とよばれる．

3.5 定積分の性質

定積分の定義から区間 $[a,b]$ で連続な関数 $f(x), g(x)$ に対して以下のことが成り立つ．

$$\int_a^b (\alpha f(x) + \beta g(x))dx = \alpha \int_a^b f(x)dx + \beta \int_a^b g(x)dx \quad (\alpha, \beta : 定数) \tag{3.10}$$

$$\int_b^a f(x)dx = -\int_a^b f(x)dx \tag{3.11}$$

$$\int_a^c f(x)dx + \int_c^b f(x)dx = \int_a^b f(x)dx \quad (a \leq c \leq b) \tag{3.12}$$

$[a,b](a < b$ とする$)$ において $f(x) \leq g(x)$ で $f(x)$ と $g(x)$ が恒等的に等しくなければ

$$\int_a^b f(x)dx < \int_a^b g(x)dx \tag{3.13}$$

$$\left| \int_a^b f(x)dx \right| \leq \int_a^b |f(x)|dx \tag{3.14}$$

これらのことを納得するためには，定積分が極限をとる前は和であること，あるいは面積を表すことを思い出せばよい．たとえば式 (3.10) は極限をとる前では

$$\sum_{i=1}^n (\alpha f(\xi_i) + \beta g(\xi_i))(x_i - x_{i-1}) = \alpha \sum_{i=1}^n f(\xi_i)(x_i - x_{i-1}) + \beta \sum_{i=1}^n f(\xi_i)(x_i - x_{i-1})$$

というわかりやすい関係になっている．次に式 (3.11) は

$$\sum_{i=1}^n f(\xi_i)(x_{i-1} - x_i) = -\sum_{i=1}^n f(\xi_i)(x_i - x_{i-1})$$

図 3.2 式 (3.12) の意味　　**図 3.3** 式 (3.14) の意味

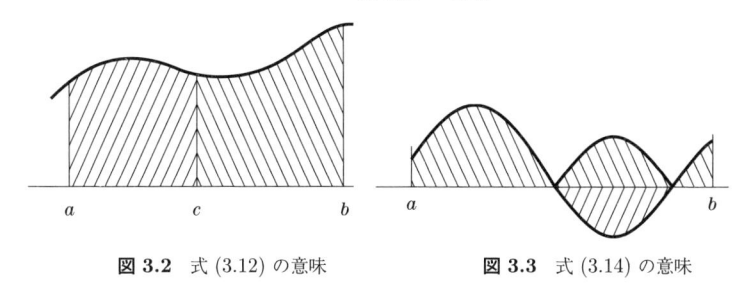

を意味している．また式 (3.12) は図 3.2 に示すように左辺は区間 $[a,b]$ での面積，右辺は区間 $[a,c]$ と区間 $[c,b]$ での面積の和を意味している．さらに式 (3.13) は上にある曲線の方が下にある曲線より x 軸との間の面積が大きいことを意味し，式 (3.14) は図 3.3 から，x 軸より下の面積は負になることに注意すれば成り立つことがわかる．

次に定積分に対する平均値の定理ともよぶべき次の定理を証明しよう．

$f(x)$ が $[a,b]$ で連続ならば
$$\int_a^b f(x)dx = (b-a)f(c) \tag{3.15}$$
を満足する c が区間 (a,b) に存在する．

定理の意味は次のとおりである．左辺は曲線と $x=a$，$x=b$ および x 軸で囲まれた面積である．右辺は曲線上の一点 P を通り x 軸に水平な直線と，$x=a$，$x=b$ および x 軸でつくられる長方形の面積である．定理はこの両者が等しくなるような点が曲線上にとれることを主張している．これは結局，P を通る直線より上の部分の面積（図 3.4 の \\\\\ の面積の和）と下の部分の面積（図 3.4 の ///// の面積の和）が等しくなるような直線が引けるという当然のことを主張しているが，厳密に証明するには以下のようにする．なお，$a<b$ を仮定とするが $a>b$ のときも同様に証明できる．

もし，区間 $[a,b]$ で $f(x)$ が定数 c ならば式 (3.15) は当然成り立つのでその場合は除外する．そこで $f(x)$ の区間 $[a,b]$ での最小値と最大値を m, M とする．このとき定積分の性質 (式 (3.13)) から

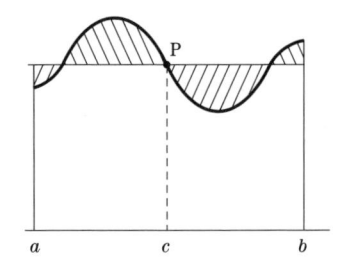

図 3.4　平均値の定理

$$\int_a^b m dx < \int_a^b f(x)dx < \int_a^b M dx$$

が成り立つ．そこで

$$\int_a^b f(x)dx = (b-a)k \tag{3.16}$$

とおけば

$$(b-a)m < (b-a)k < (b-a)M \quad すなわち \quad m < k < M$$

となる．一方，中間値の定理から $f(c) = k$ を満足する c が区間 $[a, b]$ に存在するため，式 (3.16) から式 (3.15) が証明されたことになる．

3.6　不定積分と定積分の関係

定積分の積分の上端 b を変数 x とみなせば，面積を表す定積分は x の変化とともに値が変化するため x の関数となる．これを

$$F(x) = \int_a^x f(t)dt \tag{3.17}$$

と記す．ここで定積分内の変数名と積分の上端の変数名を区別するため定積分内の変数を t と書いている*．このとき，次の重要な関係

$$\frac{d}{dx}F(x) = \frac{d}{dx}\int_a^x f(t)dt = f(x) \tag{3.18}$$

---

* 定積分内の変数名は x であっても t であっても面積であることには変わりがないため，何を用いても同じであることに注意する．

3.6 不定積分と定積分の関係

が成り立つ．ただし，$f(x)$ は区間 $[a,b]$ で連続とする．

証明には前節で述べた平均値の定理を用いる．すなわち，平均値の定理から

$$\int_x^{x+h} f(t)dt = (x+h-x)f(c) = hf(c)$$

を満足する $x = c$ が区間 $[x, x+h]$ に存在する．ここで

$$\int_a^{x+h} f(t)dt = \int_a^x f(t)dt + \int_x^{x+h} f(t)dt$$

であるから

$$f(c) = \frac{1}{h}\int_x^{x+h} f(t)dt = \frac{1}{h}\left(\int_a^{x+h} f(t)dt - \int_a^x f(t)dt\right) = \frac{F(x+h) - F(x)}{h}$$

となる．$f(x)$ は連続で $h \to 0$ のとき $c \to x$ であるから，次式が成り立つ．

$$\frac{d}{dx}F(x) = \lim_{h \to 0}\frac{F(x+h) - F(x)}{h} = \lim_{h \to 0} f(c) = f(x)$$

この定理は式 (3.17) で定義される関数が $f(x)$ の原始関数になっていることを意味している．すなわち，不定積分と定積分が関係づけられたことになる．

実際に，定積分を原始関数（不定積分）を用いて計算するには以下の関係を用いる．

$$\int_a^b f(x)dx = \bigl[F(x)\bigr]_a^b = F(b) - F(a) \tag{3.19}$$

ここで $f(x)$ は $[a,b]$ で連続であり，$F(x)$ は $f(x)$ の原始関数とする．このことを示すには以下のようにすればよい．

区間 $[a,b]$ 内にある任意の x に対して

$$G(x) = \int_a^x f(t)dt$$

とおくと，$G(x)$ は $f(x)$ の 1 つの不定積分であるから

$$G(x) = F(x) + C$$

となる．したがって，

$$G(a) = F(a) + C, \quad G(b) = F(b) + C$$

すなわち

$$G(b) - G(a) = F(b) - F(a)$$

となる．上式は

$$G(a) = \int_a^a f(t)dt = 0$$

を考慮すれば証明すべき式（式 (3.19)）になっている．

式 (3.19) は，定積分を計算するとき1つの不定積分（ふつうは $C=0$ としたもの）を求めて，その積分区間の両端の値の差をとればよいことを示している．さらに，不定積分に対する部分積分や置換積分などの計算方法はそのまま定積分に利用できる．すなわち，部分積分は

$$\int_a^b f(x)g(x)dx = \left[F(x)g(x)\right]_a^b - \int_a^b F(x)g'(x)dx \qquad (3.20)$$

となり，置換積分は

$$\int_a^b f(x)dx = \int_{t_1}^{t_2} f(h(t))\frac{dh}{dt}dt \qquad (3.21)$$

となる．ただし，$x = h(t)$ は x が a から b に変化するとき単調に変化し，また t_1, t_2 は

$$h(t_1) = a, \quad h(t_2) = b$$

を満足する数である．

例題 3.7

次の定積分を求めよ．

(1) $\int_{-5}^{5} (|2-x| + |x+1|)dx$, (2) $\int_0^\pi x \sin nx dx$ （n：0でない整数）

【解】 (1) $\int_{-5}^{5} (|2-x| + |x+1|)dx = \int_{-5}^{-1} (2-x-(x+1))dx$

$$+ \int_{-1}^{2}(2-x+x+1)dx + \int_{2}^{5}(x-2+x+1)dx$$
$$= \int_{-5}^{-1}(1-2x)dx + 3\int_{-1}^{2}dx + \int_{2}^{5}(2x-1)dx$$
$$= [x-x^2]_{-5}^{-1} + 3[x]_{-1}^{2} + [x^2-x]_{2}^{5} = 55$$

(2) $\displaystyle\int_{0}^{\pi} x\sin nx\, dx = \left[-\frac{1}{n}x\cos nx\right]_{0}^{\pi} + \frac{1}{n}\int_{0}^{\pi}\cos nx\, dx$

$\displaystyle\qquad = -\frac{\pi}{n}\cos n\pi + \frac{1}{n^2}[\sin nx]_{0}^{\pi} = \frac{\pi(-1)^{n+1}}{n}$

例題 3.8

次の定積分を求めよ．

(1) $\displaystyle\int_{0}^{\pi/2}\frac{\cos x}{1+\sin^2 x}dx$, (2) $\displaystyle\int_{-\infty}^{\infty}\frac{dx}{x^2+1}$

【解】 (1) $t=\sin x$ とおくと $dt=\cos x dx$, $x=0$ のとき $t=0$, $x=\pi/2$ のとき $t=1$ より

$$\int_{0}^{\pi/2}\frac{\cos x}{1+\sin^2 x}dx = \int_{0}^{1}\frac{dt}{1+t^2} = [\tan^{-1}t]_{0}^{1} = \frac{\pi}{4}$$

(2) $\displaystyle\int_{-\infty}^{\infty}\frac{dx}{x^2+1} = \lim_{R\to\infty}\int_{-R}^{R}\frac{dx}{1+x^2} = \lim_{R\to\infty}[\tan^{-1}x]_{-R}^{R}$

$\displaystyle\qquad = \frac{\pi}{2} - \left(-\frac{\pi}{2}\right) = \pi$

◇**問 3.5**◇ 次の定積分を求めよ．

(1) $\displaystyle\int_{-1}^{1}x\sqrt{1-x}\,dx$ ($t=\sqrt{1-x}$ とおく), (2) $\displaystyle\int_{0}^{\infty}e^{-x}\cos 2x\,dx$

3.7 定積分の応用

定積分の定義のところでも述べたが，関数 $f(x)$ と x 軸の間の部分で直線 $x=a$, $x=b$ に挟まれた部分の面積 S は

$$S = \int_a^b f(x)dx$$

である．このことを利用すれば平面図形の面積が定積分を用いて表される．

> **例題 3.9**
> 軸が $2a$ と $2b$ の楕円の面積 S を求めよ（図 3.5）．
>
> **図 3.5** 楕円の面積
>
> 【解】楕円の方程式は $x^2/a^2 + y^2/b^2 = 1$ であり，これから $y = \frac{b}{a}\sqrt{a^2 - x^2}$ は楕円の x 軸より上の部分（上半分）を表す．また x 軸との交点は $x = \pm a$ である．したがって，
>
> $$S = \frac{2b}{a} \int_{-a}^{a} \sqrt{a^2 - x^2} dx$$
>
> となる．この積分を計算するために，$x = a\sin\theta$ とおけば，被積分関数は $a\cos\theta$ となり，また $dx = a\cos\theta d\theta$ であり，θ は $-\pi/2$ から $\pi/2$ まで変化する．したがって，
>
> $$S = \frac{2b}{a} \int_{-\pi/2}^{\pi/2} a^2 \cos^2\theta d\theta = 2ab \int_{-\pi/2}^{\pi/2} \frac{1 + \cos 2\theta}{2} d\theta = \pi ab$$

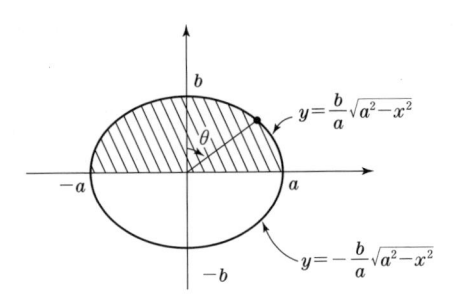

◇問 3.6◇ $y = ax - x^2 (a > 0)$ と x 軸に囲まれた部分の面積を求めよ．

曲線が媒介変数 t（ただし $t_1 \leq t \leq t_2$）を用いて $x = g(t)$, $y = f(t)$ と表されているとき，この曲線と（y 軸に平行な）直線 $x = a$, $x = b$（ただし，$a = g(t_1)$, $b = g(t_2)$）および x 軸で囲まれた部分の面積は，

$$g'(t) \geq 0 \text{ のとき}, \quad S = \int_{t_1}^{t_2} y \frac{dx}{dt} dt$$
$$g'(t) \leq 0 \text{ のとき}, \quad S = -\int_{t_1}^{t_2} y \frac{dx}{dt} dt \qquad (3.22)$$

となる．理由は以下のとおりである．$g'(t) \geq 0$ のとき g は t の増加関数であり，$a < b$ である．また，$x = g(t)$ の逆関数 $t = g^{-1}(x)$ を考えると曲線は $y = f(g^{-1}(x))$ で表されるため，$S = \int_a^b f(g^{-1}(x))dx$ であり，この式に $g^{-1}(x) = t$ と $dx = g'(t)dt$ を代入すれば

$$S = \int_{t_1}^{t_2} f(t)g'(t)dt = \int_{t_1}^{t_2} y \frac{dx}{dt} dt$$

が得られる．$g'(t) \leq 0$ のときも同様にして示すことができる．

例題 3.10
式 (3.22) を利用して楕円の面積を求めよ．

【解】 楕円の上半分は媒介変数 θ を用いて，$x = a\cos\theta$, $y = b\sin\theta$ と表せる．ただし，$0 \leq \theta \leq \pi$ である．この区間では $x' = -\sin\theta \leq 0$ であるから，

$$\frac{S}{2} = -\int_0^\pi b\sin\theta(-a\sin\theta)d\theta = \frac{\pi ab}{2} \text{ より}, \quad S = \pi ab$$

◇問 3.7◇ 曲線 $x = a\cos^3\theta$, $y = a\sin^3\theta$ に囲まれた部分の面積を求めよ．

次に立体の体積を求めてみよう．ただし，立体を x 軸に垂直な面で切ったとき，その切り口の面積 S が x の関数として与えられているものとする．そして，図 3.6 に示すように $S(x)$ の変域が $a \leq x \leq b$ であるとする．立体の体積は微小な厚さ Δx をもつ薄い板の体積 $S(x)\Delta x$ の和とみなせるため，

$$V = \int_a^b S(x)dx \qquad (3.23)$$

で与えられる．

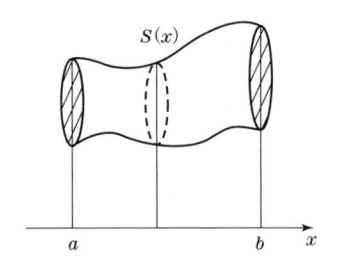

図 3.6 立体の体積

例題 3.11
軸の長さが $2a$, $2b$, $2c$ の楕円体で囲まれた部分の体積を求めよ．

【解】 楕円体は $x^2/a^2 + y^2/b^2 + z^2/c^2 = 1$ で表される．この楕円体を $z = p$ $(-c \leq p \leq c)$ で切った切り口は

$$\frac{x^2}{a^2} + \frac{y^2}{b^2} = 1 - \frac{p^2}{c^2} \quad \text{すなわち} \quad \frac{x^2}{a^2(1-p^2/c^2)} + \frac{y^2}{b^2(1-p^2/c^2)} = 1$$

となり，軸の長さが $2a\sqrt{1-p^2/c^2}$ と $2b\sqrt{1-p^2/c^2}$ の楕円となる．そしてその面積は例題 3.10 から

$$\pi a\sqrt{1-\frac{p^2}{c^2}}\, b\sqrt{1-\frac{p^2}{c^2}} = \pi ab\left(1 - \frac{p^2}{c^2}\right)$$

となる．したがって，体積は式 (3.23) から

$$V = \int_{-c}^{c} \pi ab\left(1 - \frac{p^2}{c^2}\right) dp = \frac{4\pi}{3}abc$$

である．特に $a = b = c = r$ （球）のとき，$V = 4\pi r^3/3$ となる．

◇**問 3.8**◇ 曲面 $z = x^2/a^2 + y^2/b^2$ と $z = c$ に囲まれた部分の体積を求めよ．

$y = f(x)$ の $x = a$ から $x = b$ の部分を，x 軸を回転軸として 1 回転したときにできる回転体（図 3.7）の体積は，式 (3.23) の $S(x)$ が $\pi y^2 = \pi(f(x))^2$ で与えられるため，

$$V = \pi \int_a^b y^2 dx = \pi \int_a^b (f(x))^2 dx \tag{3.24}$$

となる．

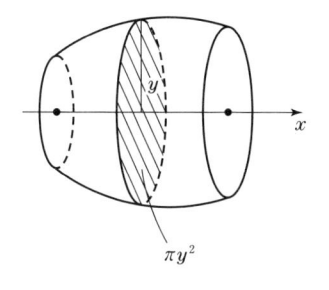

図 3.7 回転体の体積 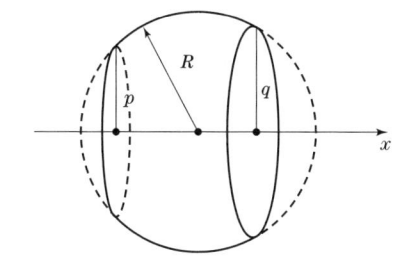　　**図 3.8** 球の一部分

例題 3.12
図 3.8 に示すように半径 R の球を互いに平行な 2 つの面で切り取ったときにできる立体の体積を求めよ．ただし，切断面にできる円の半径を p および q とする．

【解】 円 $x^2 + y^2 = R^2$ と $x = a$, $x = b$ および x 軸で囲まれた部分を x 軸まわりに回転させたときにできる立体の体積は $y^2 = R^2 - x^2$ より

$$V = \pi \int_a^b y^2 dx = \pi \int_a^b (R^2 - x^2)dx = \frac{\pi}{3}(b-a)(3R^2 - (b^2 + ab + a^2))$$

となる．ここで，$p^2 = R^2 - a^2$, $q^2 = R^2 - b^2$ を考慮して a, b を消去すれば

$$V = \frac{\pi}{3}(R^2 + p^2 + q^2 - \sqrt{(R^2 - p^2)(R^2 - q^2)})(\sqrt{R^2 - q^2} - \sqrt{R^2 - p^2})$$

◇問 3.9◇ 下面の半径が a, 上面の半径が b, 高さ h の円錐台の体積を求めよ．

▷章末問題◁

[3.1] 次の不定積分を求めよ．

(1) $\dfrac{x^3 + 2}{x + 1}$, (2) $(a^x + a^{-x})^2$, (3) $(a - bx)^4$, (4) $\sin^2 x \cos^3 x$

[3.2] かっこ内に示すようなおき換えを行って次の不定積分を求めよ．

(1) $\dfrac{e^x + 1}{e^x - 1}$ ($e^x = t$), (2) $\dfrac{x}{\sqrt{1 - x^4}}$ ($x^2 = t$), (3) $\dfrac{1 + \log x}{x}$ ($1 + \log x = t$)

[3.3] 例題 3.4 を参考にして次の不定積分を求めよ．(被積分関数 $f(x)$ を $1 \times f(x)$

と考える)

(1) $\int \sqrt{x^2 + a^2} dx$,　(2) $\int \sqrt{x^2 - a^2} dx$

[3.4] 部分積分を行うことにより次の漸化式を証明せよ．

(1) $\int \cos^n x dx = \dfrac{\cos^{n-1} x \sin x}{n} + \dfrac{n-1}{n} \int \cos^{n-2} x dx \ (n \geq 2)$

(2) $\int (\log x)^n dx = x(\log x)^n - n \int (\log x)^{n-1} dx$

(3) $\int \dfrac{dx}{(x^2+a^2)^n} = \dfrac{1}{a^2} \left(\dfrac{1}{2n-2} \dfrac{x}{(x^2+a^2)^{n-1}} + \dfrac{2n-3}{2n-2} \int \dfrac{dx}{(x^2+a^2)^{n-1}} \right)$

$\left(\int \dfrac{dx}{(x^2+a^2)^n} = \dfrac{1}{a^2} \int \dfrac{dx}{(x^2+a^2)^{n-1}} - \dfrac{1}{a^2} \int \dfrac{2x}{(x^2+a^2)^n} \dfrac{x}{2} dx \right.$ と考え，

この式の右辺第2項を部分積分する $\Big)$

[3.5] 次の定積分を求めよ．

(1) $\int_1^3 \dfrac{dx}{x\sqrt{3x-x^2}}$　($x = 1/t$ とおく)，　(2) $\int_0^1 x^n \log x dx$,　(3) $\int_0^\infty e^{-x^2} x^3 dx$

[3.6] 次の漸化式を証明せよ．

(1) $I_n = \int_0^\infty e^{-x} x^n dx$ のとき，$I_n = n I_{n-1}$

(2) $I_m = \int_0^{\pi/2} \sin^m x dx$ のとき，$I_m = \dfrac{m-1}{m} I_{m-2} \ (m \geq 2)$

(3) $I_{mn} = \int_0^{\pi/2} \sin^m x \cos^n x dx$ のとき，$I_{mn} = \dfrac{n-1}{m+n} I_{mn-2} \ (m \geq 0, \ n \geq 2)$

[3.7] 次の図形の面積または体積を求めよ．

(1) $y \geq x^2 - 2, \ y \leq x$ で囲まれた領域

(2) $y = x^2$ と $y = x^2 + 1$ および $y = 2$ で囲まれた部分を y 軸のまわりに回転してできる立体

4

無限級数と関数の展開

4.1 数　列

$$a_1, a_2, a_3, \cdots, a_n, \cdots \tag{4.1}$$

のように数字の組があって，番号づけられているとする．このような数字の列を数列という．そして a_1, a_2 など数列を構成しているそれぞれの要素を項という．数列は式 (4.1) のように書いたり，$\{a_n\}$ のように 1 つの要素を代表させて書いたりする．たとえば

$$1^2, 2^2, 3^2, \cdots$$

$$1, 1/2, 1/3, \cdots$$

などは数列であり，第 n 番目の項はそれぞれ，$n^2, 1/n$ となる．ただし，一般に数列といった場合にはこのように数字が規則正しく並んでいなくてもよい．数列が，有限の項で終わる場合を有限数列，無限に項が続く場合を無限数列という．本節では無限数列を考える．

無限数列 $\{a_n\}$ において，n を限りなく大きくしたとき，a_n がある数 A に限りなく近づくとき

$$\lim_{n \to \infty} a_n = A$$

と書き，数列 $\{a_n\}$ は収束するという．そして A を数列 $\{a_n\}$ の極限値という．たとえば上の 2 番目の数列 $\{1/n\}$ の極限値は 0 である．

数列 $\{a_n\}$ が

$$a_1 \leq a_2 \leq \cdots \leq a_n \leq a_{n+1} \leq \cdots$$

を満足するとき，単調増加するといい，数列 $\{a_n\}$ は単調増加数列とよばれる．逆に

$$a_1 \geq a_2 \geq \cdots \geq a_n \geq a_{n+1} \geq \cdots$$

を満足するとき，単調減少といい，数列 $\{a_n\}$ は単調減少数列とよばれる．また任意の番号 n に対して，n に依存しない数 M があり，$a_n \leq M$ をみたすとき数列 $\{a_n\}$ は上に有界，また $a_n \geq M$ をみたすとき下に有界という．このとき以下の重要な定理が成り立つことが知られている．

「上に有界な単調増加数列は収束する．また下に有界な単調減少数列も収束する」

また数列の極限に対して以下のことも成り立つ．

1. 数列 $\{a_n\}$, $\{b_n\}$, $\{c_n\}$ において，任意の n に対して $a_n \leq b_n \leq c_n$ であり，かつ $\lim_{n \to \infty} a_n = A$, $\lim_{n \to \infty} c_n = A$ ならば $\lim_{n \to \infty} b_n = A$ である．
2. $\lim_{n \to \infty} a_n = A$, $\lim_{n \to \infty} b_n = B$ とする．このとき，

$$\lim_{n \to \infty}(\alpha a_n + \beta b_n) = \alpha A + \beta B \quad (\alpha, \beta \text{は定数})$$

$$\lim_{n \to \infty} a_n b_n = AB$$

$$\lim_{n \to \infty} \frac{a_n}{b_n} = \frac{A}{B} \quad (\text{ただし } B \neq 0, b_n \neq 0)$$

例題 4.1

数列 $\{(1+1/n)^n\}$ は収束することを示せ．

【解】 このことを示すには，この数列が単調増加で有界であることを示せばよい．

2 項定理を用いて展開すると

$$a_n = \left(1+\frac{1}{n}\right)^n = 1 + n\frac{1}{n} + \frac{n(n-1)}{2!}\frac{1}{n^2} + \frac{n(n-1)(n-2)}{3!}\frac{1}{n^3} + \cdots$$

$$= 1 + 1 + \frac{1}{2!}\left(1-\frac{1}{n}\right) + \frac{1}{3!}\left(1-\frac{1}{n}\right)\left(1-\frac{2}{n}\right)$$

$$+ \cdots + \frac{1}{n!}\left(1-\frac{1}{n}\right)\left(1-\frac{2}{n}\right)\cdots\left(1-\frac{n-1}{n}\right)$$

となる．同様に

$$a_{n+1} = 1 + 1 + \frac{1}{2!}\left(1-\frac{1}{n+1}\right) + \frac{1}{3!}\left(1-\frac{1}{n+1}\right)\left(1-\frac{2}{n+1}\right)$$
$$+ \cdots + \frac{1}{(n+1)!}\left(1-\frac{1}{n+1}\right)\left(1-\frac{2}{n+1}\right)\cdots\left(1-\frac{n}{n+1}\right)$$

となる．両式の右辺を左から順に比較すると，a_{n+1} に対する式の項が a_n に対する式の項より小さくなく，しかも 1 項余分にある．したがって

$$a_{n+1} > a_n$$

となり，この数列は単調増加であることがわかる．一方，

$$a_n \leq 1 + 1 + \frac{1}{2!} + \cdots + \frac{1}{n!}$$

であり，また $3! = 1 \cdot 2 \cdot 3 > 2^2$, $4! = 1 \cdot 2 \cdot 3 \cdot 4 > 2^3, \cdots$ であるから

$$a_n < 1 + 1 + \frac{1}{2} + \frac{1}{2^2} + \cdots + \frac{1}{2^{n-1}} = 1 + \left(1-\frac{1}{2^n}\right)\Big/\left(1-\frac{1}{2}\right) < 3$$

となって有界であることがわかる．したがって，数列は収束する*．

4.2 無限級数

無限数列 $a_1, a_2, \cdots, a_n, \cdots$ があるとき，これらを順に足し合わせたもの，すなわち

$$\sum_{n=1}^{\infty} a_n = a_1 + a_2 + \cdots + a_n + \cdots \tag{4.2}$$

を無限級数とよぶ．この無限級数の最初の n 項の和

$$S_n = a_1 + a_2 + \cdots + a_n \tag{4.3}$$

---

* この数列の極限値を e と書き，自然対数の底という．これは無理数であって収束値は $e = 2.71828182845904\cdots$ であることが知られている．

を部分和とよぶ．そして，部分和の極限値が有限確定値（S とする）をとるとき，無限級数は収束するという．

$$\lim_{n \to \infty} S_n = S \tag{4.4}$$

この極限値が $\pm\infty$ であったり，振動したりして有限確定にならない場合を発散するという．

例として無限等比級数

$$1 + x + x^2 + \cdots + x^{n-1} + \cdots \tag{4.5}$$

を考える．n 項までの部分和 S_n は $x \neq 1$ のとき

$$S_n = 1 + x + \cdots + x^{n-1} = \frac{1 - x^n}{1 - x}$$

となり，$x = 1$ のときは n になる．一方，$\lim_{n \to \infty} x^n$ は，$|x| < 1$ のとき 0 に収束し，$|x| > 1$ のときは発散する．また $x = -1$ のときには n が偶数か奇数かによって，1 または -1 となる（振動する）．以上のことを総合すれば，式 (4.5) は $|x| < 1$ のとき収束して $1/(1-x)$ となる．

例題 4.2 以下のことを示せ．

$$S = 1 + \frac{1}{2^p} + \frac{1}{3^p} + \cdots + \frac{1}{n^p} + \cdots \tag{4.6}$$

は $p > 1$ のとき収束し，$0 < p \leq 1$ のとき発散する．

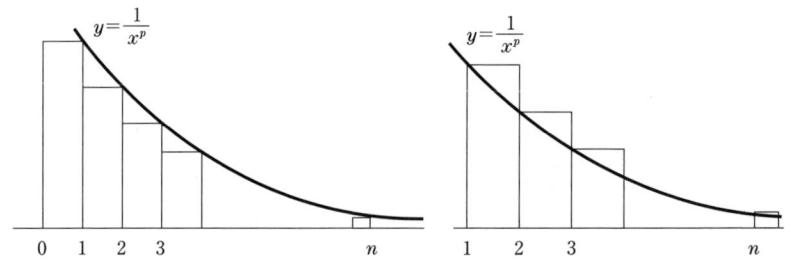

図 4.1 $y = 1/x^p$ のグラフ

関数 $y = 1/x^p$ は $p > 0$ のとき，$x > 0$ において減少関数で図 4.1 のようになる．この曲線と x 軸との間の面積を，曲線より下にある階段状の部分

の面積と比べると前者が後者より大きいことから，不等式

$$1+\left(\frac{1}{2^p}+\frac{1}{3^p}+\cdots+\frac{1}{n^p}\right)<1+\int_1^n \frac{1}{x^p}dx \tag{4.7}$$

が得られる．同様に曲線より上にある階段状の部分の面積と比べると，不等式

$$1+\frac{1}{2^p}+\frac{1}{3^p}+\cdots+\frac{1}{n^p}>\int_1^{n+1}\frac{1}{x^p}dx \tag{4.8}$$

が得られる．ここで

$$\int \frac{1}{x^p}dx = \frac{x^{1-p}}{1-p}+C \quad (p\neq 1)$$

$$\int \frac{1}{x^p}dx = \log x + C \quad (p=1)$$

であるから，$p>1$ のときは式 (4.7) から

$$1+\frac{1}{2^p}+\frac{1}{3^p}+\cdots+\frac{1}{n^p}<1+\int_1^n \frac{1}{x^p}dx = \frac{p}{p-1}-\frac{1}{(p-1)n^{p-1}}<\frac{p}{p-1}$$

となり，有界である．一方，左辺（すなわち式 (4.6) の部分和からつくった数列）は単調増加であるから，式 (4.6) は収束する．

一方，$0<p\leq 1$ のときは式 (4.8) から

$$1+\frac{1}{2^p}+\frac{1}{3^p}+\cdots+\frac{1}{n^p}+\cdots > \int_1^{n+1}\frac{1}{x^p}dx$$

$$= \begin{cases} \dfrac{(n+1)^{1-p}}{1-p}-\dfrac{1}{1-p} & (p<1) \\ \log(n+1) & (p=1) \end{cases}$$

となり，右辺は $n\to\infty$ のとき無限大になる．

[級数の性質]

式 (4.2) で定義された級数には以下の諸性質がある．

1. 級数 (4.2) が収束してその和を S とすれば，級数 (4.2) の各項を定数倍 (c 倍) した級数

$$ca_1+ca_2+\cdots+ca_n+\cdots$$

も収束して和は cS になる．

2. 次の2つの級数が収束して和が A, B になるとする．すなわち，

$$\sum_{n=0}^{\infty} a_n = a_1 + a_2 + \cdots + a_n + \cdots = A$$

$$\sum_{n=0}^{\infty} b_n = b_1 + b_2 + \cdots + b_n + \cdots = B$$

とする．このとき，各項どうしの和または差からつくった級数も収束してそれぞれ $A+B$, $A-B$ となる．すなわち

$$\sum_{n=0}^{\infty}(a_n + b_n) = (a_1 + b_1) + (a_2 + b_2) + \cdots + (a_n + b_n) + \cdots = A + B$$

$$\sum_{n=0}^{\infty}(a_n - b_n) = (a_1 - b_1) + (a_2 - b_2) + \cdots + (a_n - b_n) + \cdots = A - B$$

3. 級数 (4.2) が収束するとき，級数から有限項を取り除いても，有限項を付け加えてもやはり収束する．

1〜3の性質は無限級数が部分和の極限であることから証明できる．

4. 級数 (4.2) が収束するためには $\lim_{n\to\infty} a_n = 0$ でなくてはならない*．なぜなら，$\lim_{n\to\infty} S_n = S$ のときは，

$$\lim_{n\to\infty} a_n = \lim_{n\to\infty}(S_n - S_{n-1}) = \lim_{n\to\infty} S_n - \lim_{n\to\infty} S_{n-1} = S - S = 0$$

となるからである．

［正項級数］

級数の各項が正である級数を正項級数とよぶ．正項級数の部分和 S_n は定義から単調増加であるため，S_n が上に有界ならば正項級数は収束する．また，正項級数が収束するか発散するかに対して次の事実が知られている．

「正項級数

$$a_0 + a_1 + a_2 + \cdots + a_n + \cdots$$

において，

---

* 逆は必ずしも真ではない．たとえば式 (4.6) で $p = 1$ の場合，級数は発散するが $a_n \to 0$ である．

$$r = \lim_{n \to \infty} \left| \frac{a_{n+1}}{a_n} \right|$$

とする．このとき $r<1$ ならば正項級数は収束し，$r>1$ ならば発散する」なお，$r=1$ のときは判定できない．

正項級数の収束の判定には以下の事実もよく使われる．

$$\sum_{n=0}^{\infty} a_n = a_0 + a_1 + a_2 + \cdots + a_n + \cdots \tag{4.9}$$

$$\sum_{n=0}^{\infty} b_n = b_0 + b_1 + b_2 + \cdots + b_n + \cdots \tag{4.10}$$

を正項級数とし，c を定数とする．

1. 各項に対して $b_n \leq ca_n$ とする．このとき，級数 (4.9) が収束すれば級数 (4.10) も収束し，級数 (4.10) が発散すれば級数 (4.9) も発散する．

2. $\lim_{n \to \infty} b_n/a_n = c$ とする．このとき，級数 (4.9) が収束すれば級数 (4.10) も収束し，$c \neq 0$ で級数 (4.9) が発散すれば級数 (4.10) も発散する．

[絶対収束級数]

無限級数

$$\sum_{n=0}^{\infty} a_n = a_0 + a_1 + a_2 + \cdots + a_n + \cdots \tag{4.11}$$

が正項級数とは限らない場合でも

$$\sum_{n=0}^{\infty} |a_n| = |a_0| + |a_1| + |a_2| + \cdots + |a_n| + \cdots \tag{4.12}$$

は正項級数になる．式 (4.12) が収束するとき，無限級数 (4.11) は絶対収束するという．また絶対収束する級数を絶対収束級数という．絶対収束級数に対して以下の事実が知られている．

1. 級数が絶対収束すれば，もとの級数も収束する（式 (4.12) が収束すれば式 (4.11) も収束する）．

2. 級数が絶対収束すれば，もとの級数の和の順序を任意に入れ換えた級数も収束し，収束した値は和の順序によらない．

3. 級数 (4.11) および級数

$$\sum_{n=0}^{\infty} b_n = b_0 + b_1 + b_2 + \cdots + b_n + \cdots \tag{4.13}$$

が絶対収束するとする．そして収束した値をそれぞれ A と B とする．このとき，

$$c_n = a_0 b_{n-1} + a_1 b_{n-2} + \cdots + a_{n-1} b_1 \tag{4.14}$$

とおけば次のようになる．

$$c_0 + c_1 + c_2 + \cdots + c_n + \cdots = AB \tag{4.15}$$

4.3 べき級数

　数列と同じように関数の列 $f_1(x), f_2(x), \cdots$ を考えよう．これを関数列という．この関数列に，x をある値 a に固定して代入すると数列 $f_1(a), f_2(a) \cdots$ になるため，関数列は数列の一種として取り扱うことができる．いま a を区間 I 内の任意の 1 点としたとき，数列 $f_1(a), f_2(a), \cdots$ が $f(a)$ に収束したとする．このとき，関数列は区間 I において $f(x)$ に収束するという．

　関数列としてはいろいろなものが考えられるが，本節では

$$f_n(x) = a_0 + a_1 x + a_2 x^2 + \cdots + a_n x^n$$

を取り上げる．この関数列で $n \to \infty$ としたもの，すなわち

$$\sum_{n=0}^{\infty} a_n x^n = a_0 + a_1 x + a_2 x^2 + \cdots + a_n x^n + \cdots$$

をべき級数という．べき級数が指定された区間 I で関数 $f(x)$ に収束するかどうかは，もちろん係数 $a_0, a_1, \cdots$ の値に依存するが，区間 I のとり方にもよる．このべき級数が収束する x の全体を収束域とよぶ．以下，べき級数の性質をいくつか述べよう．まず，

「べき級数が $x = c \ (c \neq 0)$ において収束すれば，$|x| < |c|$ を満足する任意の x に対して，べき級数

$$\sum_{n=0}^{\infty} |a_n x^n| = |a_0| + |a_1 x| + |a_2 x^2| + \cdots + |a_n x^n| + \cdots$$

4.3 べき級数

は収束する」

したがって，べき級数はすべての x について収束する場合と，ある $R \geq 0$ があって，$|x| < R$ のとき収束，$|x| > R$ のとき発散する場合がある．この R をべき級数の収束半径という．特にすべての x について収束する場合を $R = \infty$，$x = 0$ のときにだけ収束する場合を $R = 0$ とする．収束半径は以下の関係から求められることが知られている（ダランベール（d'Alembert）の方法）．

$$\lim_{n \to \infty} \left| \frac{a_{n+1}}{a_n} \right| = r \text{ のとき} \quad R = \frac{1}{r} \tag{4.16}$$

例題 4.3
次のべき級数の収束半径を求めよ．

(1) $\displaystyle\sum_{n=1}^{\infty} \frac{x^n}{n^3}$, (2) $\displaystyle\sum_{n=1}^{\infty} 10^n n x^n$

【解】 (1) $\dfrac{1}{R} = \lim_{n \to \infty} \dfrac{1/(n+1)^3}{1/n^3} = \lim_{n \to \infty} \dfrac{1}{(1+1/n)^3} = 1$ より $R = 1$

(2) $\dfrac{1}{R} = \lim_{n \to \infty} \dfrac{10^{n+1}(n+1)}{10^n n} = \lim_{n \to \infty} 10 \left(1 + \dfrac{1}{n}\right) = 10$ より $R = \dfrac{1}{10}$

この方法は便利であるが，べき級数によっては使えないこともある．そのようなときには

$$\varlimsup_{n \to \infty} |a_n|^{1/n} = r \text{ のとき} \quad R = \frac{1}{r} \tag{4.17}$$

が役立つ*（コーシー・アダマール（Cauchy-Hadamard）の方法）．

例題 4.4
次のべき級数の収束半径を求めよ．

---

* $\varlimsup$ は上極限を示す．上極限を U とすると U より大きな a_n は存在しても有限個で，任意の $\varepsilon > 0$ に対し $U - \varepsilon$ には a_n が無限個ある．通常の極限値は存在しなくても，$U \to \infty$ を含めると上極限は常に存在する．

(1) $\sum_{n=1}^{\infty} n^{-n} x^n$, (2) $\sum_{n=1}^{\infty} 4^n x^{2n}$

【解】 (1) $\dfrac{1}{R} = \varlimsup_{n \to \infty} |n^{-n}|^{1/n} = \lim_{n \to \infty} n^{-1} = 0$ より $R = \infty$

(2) $\dfrac{1}{R} = \varlimsup_{n \to \infty} |a_n|^{1/n} = \lim_{n \to \infty} |a_{2n}|^{1/2n} = \lim_{n \to \infty} |4^n|^{1/2n} = 2$ より $R = \dfrac{1}{2}$

べき級数はそれが収束する領域において項別に微分や積分ができるというきわだった性質をもっている．すなわち，

> 1. べき級数の収束半径を R とするとき，べき級数は区間 $(-R, R)$ で微分可能であり
> $$\frac{d}{dx} \sum_{n=0}^{\infty} a_n x^n = \sum_{n=1}^{\infty} n a_n x^{n-1} \tag{4.18}$$
> となる．そして，右辺のべき級数の収束半径も R となる．
> 2. べき級数の収束半径を R とするとき，べき級数は区間 $(-R, R)$ で積分可能であり
> $$\int_0^x \left(\sum_{n=0}^{\infty} a_n t^n \right) dt = \sum_{n=1}^{\infty} \frac{a_n}{n+1} x^{n+1} \tag{4.19}$$
> となる．そして，右辺のべき級数の収束半径も R となる．

◇問 **4.1**◇　次のべき級数の収束半径を求めよ．

(1) $1 + \dfrac{x}{1!} + \dfrac{x^2}{2!} + \cdots$,

(2) $1 + mx + \dfrac{m(m-1)}{2!} x^2 + \cdots + \dfrac{m(m-1)\cdots(m-n+1)}{n!} x^n + \cdots$

4.4 テイラー展開

第 3 章では平均値の定理を，まず関数の 1 階微分まで与えられた場合について示し，そのあと 2 階微分まで与えられた場合に拡張した．そこで，平均値の定理

をさらに高階の微分が与えられた場合まで拡張すると,次のテイラー (Taylor) の定理が得られる.

関数 $f(x)$ が区間 I で連続な導関数 $f'(x), f''(x), \cdots, f^{(n)}$ をもつとする.このとき,区間内の任意の 2 点 $x = a$, $x = b$ において

$$f(b) = f(a) + (b-a)f'(a) + \frac{(b-a)^2}{2!}f''(a) + \cdots$$
$$+ \frac{(b-a)^{n-1}}{(n-1)!}f^{(n-1)}(a) + \frac{(b-a)^n}{n!}f^{(n)}(c) \quad (4.20)$$

を満足するような c が a と b の間にある.

証明は平均値の定理と同様に以下のようにする.まず,k を適当に選べば

$$f(b) = f(a) + (b-a)f'(a) + \frac{(b-a)^2}{2!}f''(a) + \cdots$$
$$+ \frac{(b-a)^{n-1}}{(n-1)!}f^{(n-1)}(a) + (b-a)^n k \quad (4.21)$$

とすることができる.そこで,

$$g(x) = f(b) - \Bigg(f(x) + (b-x)f'(x) + \frac{(b-x)^2}{2!}f''(x) + \cdots$$
$$+ \frac{(b-x)^{n-1}}{(n-1)!}f^{(n-1)}(x) + (b-x)^n k \Bigg)$$

とおくと,$g(b) = 0$ であり,また式 (4.21) から $g(a) = 0$ となる.一方,

$$g'(x) = -f'(x) + f'(x) - (b-a)f''(x) + (b-a)f''(x) - \cdots$$
$$-\frac{(b-x)^{n-2}}{(n-2)!}f^{(n-1)}(x) + \frac{(b-x)^{n-2}}{(n-2)!}f^{(n-1)}(x)$$
$$-\frac{(b-x)^{n-1}}{(n-1)!}f^{(n)}(x) + n(b-x)^{n-1}k$$
$$= -\frac{(b-x)^{n-1}}{(n-1)!}f^{(n)}(x) + n(b-x)^{n-1}k$$

である.$g(x)$, $g'(x)$ は区間 $[a,b]$ において連続で $g(a) = g(b) = 0$ であるから,ロルの定理によって,$g'(c) = 0$ となるような点 $x = c$ が a と b の間に少なくとも 1 つある.したがって

$$g'(c) = -\frac{(b-c)^{n-1}}{(n-1)!}f^{(n)}(c) + n(b-c)^{n-1}k = 0$$

から，k が定まり

$$k = \frac{1}{n!}f^{(n)}(c)$$

となる．これを式 (4.21) に代入すれば証明すべき関係式が得られる．

式 (4.20) を f のテイラー展開式，右辺の最終項を剰余項という．式 (4.20) において b を $a+x$ とおくと

$$f(a+x) = f(a) + xf'(a) + \frac{x^2}{2!}f''(a) + \cdots + \frac{x^{n-1}}{(n-1)!}f^{(n-1)}(a) + \frac{x^n}{n!}f^{(n)}(a+\theta x) \tag{4.22}$$

となる．ただし，$0 < \theta < 1$ である．さらにこの式で $a = 0$ とおけば

$$f(x) = f(0) + xf'(0) + \frac{x^2}{2!}f''(0) + \cdots + \frac{x^{n-1}}{(n-1)!}f^{(n-1)}(0) + \frac{x^n}{n!}f^{(n)}(\theta x) \tag{4.23}$$

となる．式 (4.23) は特にマクローリン (Maclaurin) の定理とよばれる．

4.5 関数の展開

テイラーの定理 (4.20) で $b = x$ とした式において剰余項が $n \to \infty$ のとき 0 になるならば，すなわち

$$\lim_{n\to\infty} \frac{(x-a)^n}{n!}f^{(n)}(c) = 0$$

ならば，$f(x)$ は次のようなべき級数で表される．

$$f(x) = f(a) + \frac{(x-a)}{1!}f'(a) + \frac{(x-a)^2}{2!}f''(a) + \cdots + \frac{(x-a)^n}{n!}f^{(n)}(a) + \cdots \tag{4.24}$$

この右辺をテイラー級数という．そして，関数をテイラー級数で表すことをテイラー展開するという．同様にマクローリンの定理 (4.23) において剰余項が $n \to \infty$ のとき 0 であるならば，すなわち

$$\lim_{n\to\infty} \frac{x^n}{n!}f^{(n)}(\theta x) = 0$$

ならば，$f(x)$ は次のようなべき級数で表される．

$$f(x) = f(0) + \frac{x}{1!}f'(0) + \frac{x^2}{2!}f''(0) + \cdots + \frac{x^n}{n!}f^{(n)}(0) + \cdots \quad (4.25)$$

この右辺をマクローリン級数といい，関数をマクローリン級数で表すことをマクローリン展開するという．

[代表的な関数のマクローリン展開]

$$e^x = 1 + \frac{x}{1!} + \frac{x^2}{2!} + \frac{x^3}{3!} + \cdots \quad (4.26)$$

$$\sin x = x - \frac{x^3}{3!} + \frac{x^5}{5!} - \frac{x^7}{7!} + \cdots \quad (4.27)$$

$$\cos x = 1 - \frac{x^2}{2!} + \frac{x^4}{4!} - \frac{x^6}{6!} + \cdots \quad (4.28)$$

例題 4.5

次の関数をマクローリン展開せよ．

(1) e^x，　(2) $\sinh x$

【解】 (1) $(e^x)' = e^x$, $(e^x)'' = e^x, \cdots$ より，$f(0) = 1$, $f'(0) = 1$, $f''(0) = 1, \cdots$
したがって

$$e^x = 1 + \frac{x}{1!} + \frac{x^2}{2!} + \frac{x^3}{3!} + \cdots$$

(2) $(\sinh x)' = \cosh x$, $(\sinh x)'' = \sinh x, \cdots$ より，$f(0) = 0$, $f'(0) = 1$, $f''(0) = 0$, $f^{(3)}(0) = 1, \cdots$
したがって

$$\sinh x = \frac{x}{1!} + \frac{x^3}{3!} + \frac{x^5}{5!} + \frac{x^7}{7!} + \cdots$$

◇問 **4.2**◇　式 (4.27), (4.28) を確かめよ．

[**2項定理**]

> α を任意の実数とし，また $-1 < x < 1$ とすれば
> $$(1+x)^\alpha = 1 + \alpha x + \frac{\alpha(\alpha-1)}{2!}x^2 + \cdots$$
> $$+ \frac{\alpha(\alpha-1)\cdots(\alpha-n+1)}{n!}x^n + \cdots \quad (4.29)$$

となる．この関係を2項定理という．α が自然数のときは，この展開は有限項で終わり，2項展開とよんでいるが，式 (4.29) はその実数への拡張になっている．

式 (4.29) は，マクローリン展開において $f(x) = (1+x)^\alpha$ とおくと

$$f^{(n)}(x) = \alpha(\alpha-1)\cdots(\alpha-n+1)(1+x)^{\alpha-n}$$

となることからわかる．ただし，厳密には剰余項が $n \to 0$ のとき 0 になることを証明する必要がある．

特に式 (4.29) で $\alpha = -1$ のとき

$$\frac{1}{1+x} = 1 - x + x^2 - x^3 + \cdots \quad (4.30)$$

となり，また x のかわりに $-x$ とおけば

$$\frac{1}{1-x} = 1 + x + x^2 + x^3 + \cdots \quad (4.31)$$

となる．これらを幾何級数という．

マクローリン展開やテイラー展開を定義式から計算すると計算がめんどうになる場合には，既知の展開を利用したり，幾何級数を利用したり，べき級数が項別微分や項別積分できることに着目して求める方法がある．この方法はしばしば大変有用であるため，例題をとおして示すことにする．

例題 4.6

次の関数を示された点のまわりにマクローリン（テイラー）展開せよ．

(1) e^{2x} $(x=1)$, (2) $\sin(1-x)$ $(x=1)$

【解】

(1) $e^{2x} = e^2 e^{2(x-1)} = e^2 \left(1 + \dfrac{2(x-1)}{1!} + \dfrac{2^2(x-1)^2}{2!} + \dfrac{2^3(x-1)^3}{3!} + \cdots \right)$

(2) $\sin(1-x) = -\sin(x-1) = -\left(\dfrac{x-1}{1!} - \dfrac{(x-1)^3}{3!} + \dfrac{(x-1)^5}{5!} + \cdots \right)$

$\quad = -\dfrac{x-1}{1!} + \dfrac{(x-1)^3}{3!} - \dfrac{(x-1)^5}{5!} + \cdots$

例題 4.7

次の関数を示された点のまわりにマクローリン（テイラー）展開せよ.

(1) $\dfrac{1}{1+x^2}$ $(x=0)$, (2) $\dfrac{2}{3-x}$ $(x=1)$, (3) $\dfrac{-2x+3}{x^2-3x+2}$ $(x=0)$

【解】 (1) $\dfrac{1}{1+x^2} = \dfrac{1}{1-(-x^2)} = 1 + (-x^2) + (-x^2)^2 + \cdots$

$\quad = 1 - x^2 + x^4 - x^6 + \cdots$

(2) $\dfrac{2}{3-x} = \dfrac{1}{1-(x-1)/2} = 1 + \dfrac{x-1}{2} + \dfrac{(x-1)^2}{2^2} + \dfrac{(x-1)^3}{2^3} + \cdots$

(3) $\dfrac{-2x+3}{x^2-3x+2} = \dfrac{-2x+3}{(x-2)(x-1)} = -\dfrac{1}{x-2} - \dfrac{1}{x-1}$

$\quad = \dfrac{1}{1-x} + \dfrac{1}{2}\dfrac{1}{1-x/2}$

$\quad = 1 + x + x^2 + x^3 + \cdots + \dfrac{1}{2}\left(1 + \dfrac{x}{2} + \dfrac{x^2}{2^2} + \dfrac{x^3}{2^3} + \cdots\right)$

$\quad = \dfrac{3}{2} + \dfrac{5}{4}x + \dfrac{9}{8}x^2 + \dfrac{17}{16}x^3 + \cdots$

例題 4.8

次の関数をマクローリン展開せよ.

(1) $\tan^{-1} x$, (2) $\log(1+x)$

【解】 (1) $\tan^{-1} x = \displaystyle\int_0^x \dfrac{1}{1+t^2} dt = \int_0^x (1 - t^2 + t^4 - t^6 + \cdots) dt$

$$= x - \frac{x^3}{3} + \frac{x^5}{5} - \frac{x^7}{7} + \cdots {}^*$$

(2) $\log(1+x) = \displaystyle\int_0^x \frac{1}{1+t}dt = \int_0^x (1 - t + t^2 - t^3 + \cdots)dt$

$$= x - \frac{x^2}{2} + \frac{x^3}{3} - \frac{x^4}{4} + \cdots$$

◇問 4.3◇　次の関数をマクローリン展開せよ．

(1) $\dfrac{1}{8-x^3}$, 　(2) $\log(1-x^2)$

例題 4.9

e^{ix}（ただし，i は純虚数で $i^2 = -1$ をみたす数）をマクローリン展開し，項をまとめなおすことにより次式が成り立つことを示せ．

$$e^{ix} = \cos x + i \sin x \quad \text{（オイラー（Euler）の公式）} \qquad (4.32)$$

【解】　i の高次のべきは，$i^2 = -1$, $i^3 = i^2 i = -i$, $i^4 = i^3 i = -i^2 = 1$, $i^5 = i^4 i = i$, $\cdots$ を用いて ± 1 または $\pm i$ で表せることに注意すれば，指数関数のマクローリン展開より

$$\begin{aligned}
e^{ix} &= 1 + \frac{ix}{1!} + \frac{(ix)^2}{2!} + \frac{(ix)^3}{3!} + \frac{(ix)^4}{4!} + \frac{(ix)^5}{5!} + \frac{(ix)^6}{6!} + \cdots \\
&= 1 + \frac{ix}{1!} - \frac{x^2}{2!} - \frac{ix^3}{3!} + \frac{x^4}{4!} + \frac{ix^5}{5!} - \frac{x^6}{6!} + \cdots \\
&= \left(1 - \frac{x^2}{2!} + \frac{x^4}{4!} - \frac{x^6}{6!} + \cdots\right) + i\left(\frac{x}{1!} - \frac{x^3}{3!} + \frac{x^5}{5!} - \cdots\right) \\
&= \cos x + i \sin x
\end{aligned}$$

となる．ただし，$\cos x$ と $\sin x$ のマクローリン展開を用いた．

---

*　$x = 1$ とおけば以下の関係が得られる．$\dfrac{\pi}{4} = \tan^{-1} 1 = 1 - \frac{1}{3} + \frac{1}{5} - \frac{1}{7} + \cdots$

▷**章末問題**◁

[4.1] 次の級数は収束するかどうかを調べよ．

(1) $1 + \dfrac{1}{3^3} + \dfrac{1}{5^3} + \cdots + \dfrac{1}{(2n-1)^3} + \cdots$

(2) $1 + \dfrac{1}{\sqrt{3}} + \dfrac{1}{\sqrt{5}} + \cdots + \dfrac{1}{\sqrt{2n-1}} + \cdots$

(3) $\dfrac{1^2}{4} + \dfrac{2^2}{4^2} + \dfrac{3^2}{4^3} + \cdots + \dfrac{n^2}{4^n} + \cdots$

[4.2] $f(x)$ と $g(x)$ が n 回微分可能であれば

$$\frac{d^n(fg)}{dx^n} = fg^{(n)} + {}_nC_1 f'g^{(n-1)} + {}_nC_2 f''g^{(n-2)} + \cdots$$
$$+ {}_nC_r f^{(r)}g^{(n-r)} + \cdots + {}_nC_{n-1} f^{(n-1)}g' + u^{(n)}v$$

ただし，${}_nC_r = n(n-1)\cdots(n-r+1)/r!$ が成り立つことを数学的帰納法を用いて示せ．

[4.3] 次の関数をマクローリン展開せよ．

(1) $\dfrac{1}{x^2 - 3x + 2}$, (2) $\sin x^2$, (3) a^x, (4) $\dfrac{1}{2}\log\dfrac{1+x}{1-x}$

[4.4] 次の関数を示された点のまわりにテイラー展開せよ．

(1) $\dfrac{1}{x-3}$ $(x=2)$, (2) $\dfrac{1}{x(x-2)}$ $(x=1)$

[4.5] 次の極限値が有限であるように a, b の値を定めよ．

$$\lim_{x \to 0} \frac{\cos 3x + a\cos x + b}{x^4}$$

[4.6] 次の積分の値を無限級数で表現せよ $(0 < k < 1)$．

$$\int_0^{\pi/2} \sqrt{1 - k^2 \sin^2 x}\, dx$$

5

多変数の微分法

5.1 多変数の関数

2つの変数 x, y と1つの変数 z の間に関係があって，x, y の値に応じて z の値が定まるとき，z は x, y の関数であるという．そして，x, y を独立変数，z を従属変数とよび，

$$z = f(x, y)$$

などの記号で表す．また，独立変数が定義されている領域を定義域，それに対応して従属変数のとり得る範囲を値域という．

1変数の関数 $y = f(x)$ の場合には，x が a に限りなく近づいたときの極限値が c であるとすれば

$$\lim_{x \to a} f(x) = c$$

と書いた．2変数の場合も同様に x, y が a, b に限りなく近づいた場合に，z が一定値 c に限りなく近づくとする．このとき，

$$\lim_{\substack{x \to a, \\ y \to b}} f(x, y) = c \tag{5.1}$$

と書く*．ただし，x, y が a, b に近づく場合には，近づき方は無限にあることに注意が必要である．すなわち，x 軸に平行な直線に沿って近づく場合もあるし，y 軸に平行な直線に沿って近づくこともある．さらに，点 (a, b) のまわりをらせ

---

* 厳密な意味で，式 (5.1) が成り立つとは，任意の正数 ε に対して，正数 δ が定まって，$0 < \sqrt{(x-a)^2 + (y-b)^2} < \delta$ をみたす x, y のすべての値に対して，$|f(x, y) - c| < \varepsilon$ とできることをいう．

んを描きながら近づくことも考えられる．そこで，点 (a,b) への近づき方によらずに一定値 c に近づく場合に上の極限が存在するということにする．したがって，近づき方によって極限値が異なる場合は極限値は存在しないことになる．

例題 5.1

次の極限値は存在するか．
$$\lim_{\substack{x \to 0, \\ y \to 0}} \frac{x^2 - y^2}{x^2 + y^2}$$

【解】 直線 $y = mx$ に沿って x と y が 0 に近づいたとすれば
$$\lim_{\substack{x \to 0, \\ y \to 0}} \frac{x^2 - y^2}{x^2 + y^2} = \frac{1 - m^2}{1 + m^2}$$

となるが，右辺の値は m によって変化する．したがって，極限値は存在しない．

2 変数の関数が定義域内の点 $x = a$, $y = b$ で連続であるとは，
$$\lim_{\substack{x \to a, \\ y \to b}} f(x,y) = f(a,b) \tag{5.2}$$
が成り立つことで，また定義域内の領域 D に属するすべての点で式 (5.2) が成り立つとき，$f(x,y)$ は領域 D で連続という．

以上に述べたことは，2 変数の関数ばかりでなく 3 変数以上の関数（これらをまとめて多変数の関数という）にも容易に拡張できる．

1 変数の関数と同じく，ある領域で連続な 2 つ以上の多変数の関数について，それらの和，差，積，商（分母は 0 でないとする）は同じ領域で連続である．また，連続関数と連続関数の合成関数も連続である．

5.2 偏導関数

2 変数の関数 $z = f(x,y)$ は，y を一定値にすれば x だけの関数になる．この関数に対して，微分係数や導関数を計算してみよう．いま，一定値を $y = b$ とすれば，$z = f(x,b)$ となるが，この関数の点 $x = a$ における微分係数は次式か

ら計算できる．

$$\lim_{h \to 0} \frac{f(a+h, b) - f(a, b)}{h} \tag{5.3}$$

この値を関数 $f(x,y)$ の点 (a,b) における（x に関する）偏微分係数とよび，f に添え字 x をつけて $f_x(a,b)$ と表すことにする．

ここで偏微分係数の幾何学的な意味を考えてみよう．まず関数 $z = f(x,y)$ 上の点は 3 次元空間上の 1 点として 3 次元座標 (x,y,z) で表すことができる．このとき x-y 平面上の 1 点を指定すればそれに応じて空間内の 1 点の z 座標が定まる．そして図 5.1 に示すように x と y が x-y 面内の曲線上を動けば，それに応じて点 z は空間内の 3 次元曲線を描く．次に x-y 面内の面積をもった領域は曲線の集まりとみなせるため，(x,y) がこの領域内を動けば，点 z は曲面（3 次元曲線の集まり）上を動くことになる．すなわち，$z = f(x,y)$ は曲面を表す．

さて，x に関する偏微分係数を求めるとき，y を b という一定値に固定した．これは，x-y 面では x 軸に平行な直線上の点を考えることを意味し，このとき z は x の変化に応じて空間内の 1 つの曲線上を動く．いま，この曲線を図 5.1 の y 軸の負の側から見たとすると，図 5.2 のようになる．そこで，式 (5.3) は 1 変数の場合と同じく点 P での曲線の接線の傾きを表すことになる．まとめれば，x に関する偏微分係数は $y = $ 一定の平面と関数が表す曲面の交線の接線の傾きを表す．

偏微分係数は一定値 b を変化させても，x の値を変化させても，それに応じて

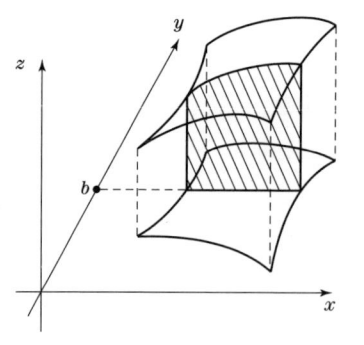

図 5.1 空間内の曲線と曲面　　　**図 5.2** x に関する偏微分

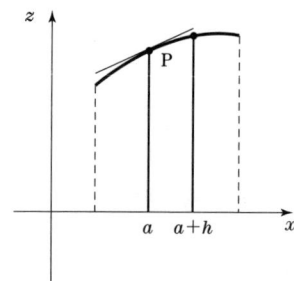

値が変化するため x,y の関数とみなすことができる．このように偏微分係数を x,y の関数とみなしたとき，関数 $f(x,y)$ の x に関する偏導関数とよび，記号

$$f_x(x,y) = \frac{\partial f(x,y)}{\partial x} = \frac{\partial f}{\partial x}$$

などで表す．また，x に関する偏導関数を求めることを x で偏微分するという．

同様に y に対しても，偏微分係数や偏導関数，偏微分などが定義できる．すなわち，x を一定値に固定すれば $f(x,y)$ は y だけの関数となるため，この関数に対して微分係数や導関数が定義される．具体的には $f(x,y)$ の点 (a,b) における y に関する偏微分係数は

$$f_y(a,b) = \lim_{k \to 0} \frac{f(a,b+k) - f(a,b)}{k} \tag{5.4}$$

で定義される．この偏微分係数を a,b を変化させて (x,y) の関数とみなすときには y に関する導関数とよび，記号

$$f_y(x,y) = \frac{\partial f(x,y)}{\partial y} = \frac{\partial f}{\partial y}$$

で表す．

実際の計算において x に関する偏導関数を求めるためには，y を定数とみなして，x に関して微分すればよい．同様に y に関する偏導関数を計算するためには，x を定数とみなして，y に関して微分する．

例題 5.2
$f = \sqrt{x^2+y^2}$, $g = \tan^{-1}(y/x)$ に対して，f_x, f_y, g_x, g_y を求めよ．
【解】 $f_x = \dfrac{x}{\sqrt{x^2+y^2}}$, $f_y = \dfrac{y}{\sqrt{x^2+y^2}}$

$g_x = \dfrac{-y/x^2}{1+(y/x)^2} = -\dfrac{y}{x^2+y^2}$, $g_y = \dfrac{1/x}{1+(y/x)^2} = \dfrac{x}{x^2+y^2}$

以上の定義や計算法は，多変数の場合にも容易に拡張される．たとえば 3 変数の関数 $u = g(x,y,z)$ の点 (a,b,c) における x に関する偏導関数は

$$g_x(a,b,c) = \lim_{h \to 0} \frac{g(a+h,b,c) - g(a,b,c)}{h} \tag{5.5}$$

で定義される．また z に関する偏導関数 f_z を計算するためには，x,y を定数とみなして z で微分すればよい．

◇問 **5.1**◇ 次の関数を x および y について微分せよ．

(1) $u = e^{-x} \sin 2y$, (2) $u = \log_x y$

5.3 高次の偏導関数

$f(x, y)$ の x に関する偏導関数 $f_x(x, y)$ は，x, y の関数であるから，さらに f_x の x や y に関する偏導関数も考えられる．それらを

$$f_{xx}(x, y) = \frac{\partial}{\partial x}\left(\frac{\partial f}{\partial x}\right) = \frac{\partial^2 f}{\partial x^2}$$

$$f_{yx}(x, y) = \frac{\partial}{\partial x}\left(\frac{\partial f}{\partial y}\right) = \frac{\partial^2 f}{\partial x \partial y}$$

と記す．同様に，$f(x, y)$ の y に関する偏導関数 $f_y(x, y)$ も x, y の関数であり，f_y の x や y に関する偏導関数も考えられる．それらを

$$f_{xy}(x, y) = \frac{\partial}{\partial y}\left(\frac{\partial f}{\partial x}\right) = \frac{\partial^2 f}{\partial y \partial x}$$

$$f_{yy}(x, y) = \frac{\partial}{\partial y}\left(\frac{\partial f}{\partial y}\right) = \frac{\partial^2 f}{\partial y^2}$$

と記す．ここで f_{xy}, f_{yx} が連続であれば $f_{xy} = f_{yx}$ が成り立つ．証明は以下のようにする．

いま，領域 D 内で f_{xy}, f_{yx} が連続であるとする．点 (a, b) を領域 D 内の 1 点として，この点を中心とする小円を D 内に考える．この小円内の 1 点を $(a + h, b + k)$ とする．このとき

$$p(x) = f(x, b + k) - f(x, b)$$

とおくことにする．この式の両辺を x で微分すれば

$$p'(x) = f_x(x, b + k) - f_x(x, b)$$

となる．そこで，1 変数の関数 $p(x)$ に対して平均値の定理を適用すれば

$$p(a + h) - p(a) = hp'(a + \theta_1 h) = h(f_x(a + \theta_1 h, b + k) - f_x(a + \theta_1 h, b))$$

と書くことができる $(0 < \theta_1 < 1)$．さらに，上式の最右辺のかっこ内の式に平

均値の定理を適用すると $kf_{xy}(a+\theta_1 h, b+\theta_2 k)$ となるため,

$$p(a+h) - p(a) = hkf_{xy}(a+\theta_1 h, b+\theta_2 k)$$

と書ける $(0 < \theta_2 < 1)$.

次に

$$q(y) = f(a+h, y) - f(a, y)$$

とおいて, 上と同様に平均値の定理を 2 回適用すれば

$$q(b+k) - q(b) = kq'(b+\theta_3 h) = k(f_y(a+h, b+\theta_3 k) - f_y(a, b+\theta_3 k))$$
$$= khf_{yx}(a+\theta_4 h, b+\theta_3 k)$$

となる $(0 < \theta_3 < 1, 0 < \theta_4 < 1)$. ところが,

$$p(a+h) - p(a) = f(a+h, b+k) - f(a+h, b) - f(a, b+k) + f(a, b) = q(b+k) - q(b)$$

であるから

$$f_{xy}(a+\theta_1 h, b+\theta_2 k) = f_{yx}(a+\theta_4 h, b+\theta_3 k)$$

が成り立つ. したがって, $h \to 0$, $k \to 0$ の極限で

$$f_{xy}(a, b) = f_{yx}(a, b)$$

が成り立つ.

一般に, 次のことが成り立つ.

「f が $x_1, \cdots, x_n$ 関数のとき f を x_i, x_j で偏微分した関数が連続であれば

$$\frac{\partial^2 f}{\partial x_i \partial x_j} = \frac{\partial^2 f}{\partial x_j \partial x_i}$$

である (微分の順序は交換できる)」

例題 5.3

$f = x^3 - 3xy^2$, $g = e^x \sin y$ のとき, $f_{xx} + f_{yy}$, $g_{xx} + g_{yy}$ を求めよ.

【解】 $f_x = 3x^2 - 3y^2$, $f_{xx} = 6x$, $f_y = -6xy$, $f_{yy} = -6x$ より

$$f_{xx} + f_{yy} = 0$$

$g_x = e^x \sin y$, $g_{xx} = e^x \sin y$, $g_y = e^x \cos y$, $g_{yy} = -e^x \sin y$ より

$$g_{xx} + g_{yy} = 0$$

◇問 5.2◇ $u = 1/\sqrt{x^2 + y^2 + z^2}$ に対して，u_x, u_{xx} を求めよ．

5.4 合成関数の微分法

はじめに，2 変数の関数 $z = f(u, v)$ の独立変数 u, v のそれぞれが，別の独立変数 x の関数になっている場合，すなわち

$$u = u(x), \quad v = v(x)$$

である場合を考えよう．このとき，

$$z = f(u(x), v(x))$$

と書けるため，z は 1 つの独立変数 x の関数とみなすことができる．そこで，z を x で微分するとどうなるかを考えてみよう．x が x から $x + h$ に変化したとき，それに応じて $u(x), v(x)$ も $u(x+h), v(x+h)$ に変化する．この変化分を

$$\Delta u = u(x+h) - u(x), \quad \Delta v = v(x+h) - v(x)$$

と記すことにすれば，z の変化を h で割ったものは

$$
\begin{aligned}
&(f(u + \Delta u, v + \Delta v) - f(u, v))/h \\
&= (f(u + \Delta u, v + \Delta v) - f(u, v + \Delta v) + f(u, v + \Delta v) - f(u, v))/h \\
&= \frac{f(u + \Delta u, v + \Delta v) - f(u, v + \Delta v)}{\Delta u} \frac{u(x+h) - u(x)}{h} \\
&\quad + \frac{f(u, v + \Delta v) - f(u, v)}{\Delta v} \frac{v(x+h) - v(x)}{h}
\end{aligned}
$$

となる．ここで $h \to 0$ のとき，$\Delta u \to 0, \Delta v \to 0$ であるから，

$$
\begin{aligned}
\frac{dz}{dx} &= \lim_{h \to 0} \frac{f(u + \Delta u, v + \Delta v) - f(u, v)}{h} \\
&= \lim_{\Delta u \to 0} \frac{f(u + \Delta u, v + \Delta v) - f(u, v + \Delta v)}{\Delta u} \lim_{h \to 0} \frac{u(x+h) - u(x)}{h} \\
&\quad + \lim_{\Delta v \to 0} \frac{f(u, v + \Delta v) - f(u, v)}{\Delta v} \lim_{h \to 0} \frac{v(x+h) - v(x)}{h}
\end{aligned}
$$

5.4 合成関数の微分法

$$= \frac{\partial f}{\partial u}\frac{du}{dx} + \frac{\partial f}{\partial v}\frac{dv}{dx}$$

となる．すなわち，次の公式が得られる．

$$\frac{df}{dx} = \frac{\partial f}{\partial u}\frac{du}{dx} + \frac{\partial f}{\partial v}\frac{dv}{dx} \tag{5.6}$$

次に関数 $z = f(u,v)$ において，u,v がそれぞれ x,y の関数

$$u = u(x,y), \quad v = v(x,y)$$

の場合について考えよう．このとき z は x,y の関数となる．そこで $z = f(u,v)$ を x と y で偏微分することを考えよう．x で偏微分する場合は y を定数と考えて微分すればよく，y で偏微分する場合にも x を定数と考えて微分すればよいから，式 (5.6) からただちに次式が得られる．

$$\frac{\partial f}{\partial x} = \frac{\partial f}{\partial u}\frac{\partial u}{\partial x} + \frac{\partial f}{\partial v}\frac{\partial v}{\partial x} \tag{5.7}$$

$$\frac{\partial f}{\partial y} = \frac{\partial f}{\partial u}\frac{\partial u}{\partial y} + \frac{\partial f}{\partial v}\frac{\partial v}{\partial y} \tag{5.8}$$

例題 5.4
$z = f(x,y),\ y = g(x)$ のとき $\frac{dz}{dx}$ と $\frac{d^2z}{dx^2}$ を求めよ．
【解】
$$\begin{aligned}
\frac{dz}{dx} &= \frac{\partial f}{\partial x}\frac{dx}{dx} + \frac{\partial f}{\partial y}\frac{dy}{dx} = f_x + f_y g'(x) \\
\frac{d^2z}{dx^2} &= \frac{\partial}{\partial x}(f_x + f_y g'(x)) + \frac{\partial}{\partial y}(f_x + f_y g'(x))\frac{dy}{dx} \\
&= f_{xx} + 2f_{xy}g'(x) + f_y g''(x) + f_{yy}(g'(x))^2
\end{aligned}$$

例題 5.5
$z = f(x,y),\ x = r\cos\theta,\ y = r\sin\theta$ のとき，

$$\frac{\partial^2 f}{\partial x^2} + \frac{\partial^2 f}{\partial y^2} = \frac{\partial^2 f}{\partial r^2} + \frac{1}{r}\frac{\partial f}{\partial r} + \frac{1}{r^2}\frac{\partial^2 f}{\partial \theta^2}$$

を示せ.

【解】 式 (5.7), (5.8) で u を r, v を θ とすれば

$$\frac{\partial f}{\partial x} = \frac{\partial r}{\partial x}\frac{\partial f}{\partial r} + \frac{\partial \theta}{\partial x}\frac{\partial f}{\partial \theta}, \quad \frac{\partial f}{\partial y} = \frac{\partial r}{\partial y}\frac{\partial f}{\partial r} + \frac{\partial \theta}{\partial y}\frac{\partial f}{\partial \theta}$$

となるが, この式に, 問題の式から得られる関係

$$r = \sqrt{x^2 + y^2}, \quad \theta = \tan^{-1}\frac{y}{x} \tag{5.9}$$

および

$$\frac{\partial r}{\partial x} = \frac{2x}{2\sqrt{x^2+y^2}} = \frac{2r\cos\theta}{2r} = \cos\theta$$

$$\frac{\partial r}{\partial y} = \frac{2y}{2\sqrt{x^2+y^2}} = \frac{2r\sin\theta}{2r} = \sin\theta$$

$$\frac{\partial \theta}{\partial x} = \frac{-y/x^2}{1+(y/x)^2} = -\frac{y}{x^2+y^2} = -\frac{r\sin\theta}{r^2} = -\frac{\sin\theta}{r}$$

$$\frac{\partial \theta}{\partial y} = \frac{1/x}{1+(y/x)^2} = \frac{x}{x^2+y^2} = \frac{r\cos\theta}{r^2} = \frac{\cos\theta}{r}$$

を代入すれば

$$\frac{\partial f}{\partial x} = \cos\theta\frac{\partial f}{\partial r} - \frac{\sin\theta}{r}\frac{\partial f}{\partial \theta}, \quad \frac{\partial f}{\partial y} = \sin\theta\frac{\partial f}{\partial r} + \frac{\cos\theta}{r}\frac{\partial f}{\partial \theta}$$

となる.

2階微分に対しては以下に示すように, この関係を2回使う. すなわち,

$$\frac{\partial^2 f}{\partial x^2} = \frac{\partial}{\partial x}\left(\frac{\partial f}{\partial x}\right) = \frac{\partial r}{\partial x}\frac{\partial}{\partial r}\left(\frac{\partial f}{\partial x}\right) + \frac{\partial \theta}{\partial x}\frac{\partial}{\partial \theta}\left(\frac{\partial f}{\partial x}\right)$$

$$= \frac{\partial r}{\partial x}\frac{\partial}{\partial r}\left(\cos\theta\frac{\partial f}{\partial r} - \frac{\sin\theta}{r}\frac{\partial f}{\partial \theta}\right) + \frac{\partial \theta}{\partial x}\frac{\partial}{\partial \theta}\left(\cos\theta\frac{\partial f}{\partial r} - \frac{\sin\theta}{r}\frac{\partial f}{\partial \theta}\right)$$

$$= \cos\theta\left(\cos\theta\frac{\partial^2 f}{\partial r^2} - \frac{\sin\theta}{r}\frac{\partial^2 f}{\partial r\partial \theta} + \frac{\sin\theta}{r^2}\frac{\partial f}{\partial \theta}\right)$$

$$- \frac{\sin\theta}{r}\left(\cos\theta\frac{\partial^2 f}{\partial r\partial \theta} - \sin\theta\frac{\partial f}{\partial r} - \frac{\sin\theta}{r}\frac{\partial^2 f}{\partial \theta^2} - \frac{\cos\theta}{r}\frac{\partial f}{\partial \theta}\right)$$

となり，また同様にして

$$\frac{\partial^2 f}{\partial y^2} = \sin\theta\left(\sin\theta\frac{\partial^2 f}{\partial r^2} + \frac{\cos\theta}{r}\frac{\partial^2 f}{\partial r\partial \theta} - \frac{\cos\theta}{r^2}\frac{\partial f}{\partial \theta}\right)$$
$$+ \frac{\cos\theta}{r}\left(\sin\theta\frac{\partial^2 f}{\partial r\partial\theta} + \cos\theta\frac{\partial f}{\partial r} + \frac{\cos\theta}{r}\frac{\partial^2 f}{\partial \theta^2} - \frac{\sin\theta}{r}\frac{\partial f}{\partial \theta}\right)$$

が得られる．これら 2 式を加えれば

$$\frac{\partial^2 f}{\partial x^2} + \frac{\partial^2 f}{\partial y^2} = \frac{\partial^2 f}{\partial r^2} + \frac{1}{r}\frac{\partial f}{\partial r} + \frac{1}{r^2}\frac{\partial^2 f}{\partial \theta^2}$$

◇問 **5.3**◇　$z = f(x,y)$, $x = r(t)\cos\theta(t)$, $y = r(t)\sin\theta(t)$ のとき dz/dt を求めよ．

5.5　多変数のテイラー展開

はじめに，$z = f(x,y)$, $x = a + ht$, $y = b + kt$ の場合に，合成関数の微分法を用いて z を t で微分してみよう．式 (5.6) から

$$\frac{dz}{dt} = \frac{\partial z}{\partial x}\frac{dx}{dt} + \frac{\partial z}{\partial y}\frac{dy}{dt} = h\frac{\partial z}{\partial x} + k\frac{\partial z}{\partial y}$$

となる．さらに，もう一度 t で微分すれば

$$\frac{d^2 z}{dt^2} = \frac{\partial}{\partial x}\left(h\frac{\partial z}{\partial x} + k\frac{\partial z}{\partial y}\right)h + \frac{\partial}{\partial y}\left(h\frac{\partial z}{\partial x} + k\frac{\partial z}{\partial y}\right)k$$
$$= h^2\frac{\partial^2 z}{\partial x^2} + 2hk\frac{\partial^2 z}{\partial x\partial y} + k^2\frac{\partial^2 z}{\partial y^2}$$

となる．この関係を

$$\frac{d^2 z}{dt^2} = \left(h\frac{\partial}{\partial x} + k\frac{\partial}{\partial y}\right)^2 z$$

と記すことにする．この記法では $\partial/\partial x, \partial/\partial y$ を 1 つの文字とみなして積を計算するものとする．

一般に

$$\frac{d^n z}{dt^n} = \left(h\frac{\partial}{\partial x} + k\frac{\partial}{\partial y}\right)^n z \tag{5.10}$$

が成り立つことは数学的帰納法を用いて示すことができる．

さて，$f(x,y)$ は領域 D 内で連続で，n 階まで連続な導関数をもつとする．このとき，

$$f(x+ht, y+kt) = z(t)$$

とおき，$z(t)$ をマクローリン展開すると

$$z(t) = z(0) + tz'(0) + \frac{t^2}{2!}z''(0) + \cdots + \frac{t^{n-1}}{(n-1)!}z^{(n-1)}(0) + \frac{t^n}{n!}z^{(n)}(\theta t)$$

となる．ただし，$0 < \theta < 1$ である．したがって，式 (5.10) から

$$f(x+ht, y+kt) = f(x,y) + t\left(h\frac{\partial}{\partial x} + k\frac{\partial}{\partial y}\right)f(x,y) + \cdots$$

$$+ \frac{t^{n-1}}{(n-1)!}\left(h\frac{\partial}{\partial x} + k\frac{\partial}{\partial y}\right)^{n-1}f(x,y) + \frac{t^n}{n!}\left(h\frac{\partial}{\partial x} + k\frac{\partial}{\partial y}\right)^n f(x+h\theta t, y+k\theta t)$$

が得られる．この式で $t=1$ とおけば，

$$f(x+h, y+k) = f(x,y) + \sum_{r=1}^{n-1} \frac{1}{r!}\left(h\frac{\partial}{\partial x} + k\frac{\partial}{\partial y}\right)^r f(x,y)$$

$$+ \frac{1}{n!}\left(h\frac{\partial}{\partial x} + k\frac{\partial}{\partial y}\right)^n f(x+\theta h, y+\theta k) \quad (0<\theta<1) \quad (5.11)$$

となる．この式はテイラーの定理を2変数に拡張したものである．

特に式 (5.11) で $n=2$ とおけば

$$f(x+h, y+k) = f(x,y) + hf_x(x,y) + kf_y(x,y) + \frac{1}{2}(h^2 f_{xx}(x+\theta h, y+\theta k)$$
$$+ 2hk f_{xy}(x+\theta h, y+\theta k) + k^2 f_{yy}(x+\theta h, y+\theta k)) \quad (5.12)$$

となる．

式 (5.11) の右辺の最終項が $n \to \infty$ のとき 0 になるならば，式 (5.11) は

$$f(x+h, y+k) = f(x,y) + \sum_{n=1}^{\infty} \frac{1}{n!}\left(h\frac{\partial}{\partial x} + k\frac{\partial}{\partial y}\right)^n f(x,y) \quad (5.13)$$

となる．これを2変数のテイラー展開という．

5.6 全微分

関数 $z = f(x, y)$ が連続な偏導関数をもつ領域 D において，$\Delta x, \Delta y$ を微小な数として，x が $x + \Delta x$ に，y が $y + \Delta y$ に変化したとする．このとき，その変化に応じて z も $z + \Delta z$ に変化するが，この z の変化分を見積もってみよう．前節の最後に述べた公式から

$$f(x+\Delta x, y+\Delta y) = f(x,y) + \Delta x f_x(x,y) + \Delta y f_y(x,y)$$
$$+ \frac{1}{2}((\Delta x)^2 f_{xx}(x+\theta h, y+\theta k)$$
$$+ 2\Delta x \Delta y f_{xy}(x+\theta h, y+\theta k) + (\Delta y)^2 f_{yy}(x+\theta h, y+\theta k))$$

となるが，$|\Delta x|, |\Delta y|$ が小さい場合には，これらの数に比べて，2次の項 $|\Delta x|^2$, $|\Delta x \Delta y|, |\Delta y|^2$ は非常に小さいと考えられる．そこで，そのような場合に2次の項を省略し，また z の増分を dz と記すと

$$dz = f(x+\Delta x, y+\Delta y) - f(x,y) \sim \Delta x f_x(x,y) + \Delta y f_y(x,y)$$

となる．この dz を $z = f(x, y)$ の全微分という．特に上の式で $z = x$ の場合には，$f_x = 1, f_y = 0$ であるから，$dz = dx = \Delta x$ となり，同様に $z = y$ の場合には $dz = dy = \Delta y$ となる．したがって，上式は次式のように表せる．

$$dz = f_x(x, y)dx + f_y(x, y)dy \tag{5.12}$$

［全微分の幾何学的意味］

曲面 $z = f(x, y)$ 上の点 P の座標を (a, b, c) としたとき，点 P における曲面の接平面の方程式は

$$z - c = f_x(a, b)(x - a) + f_y(a, b)(y - b)$$

である．いま，この曲面上の点 $(a+\Delta x, b+\Delta y, c+\Delta z)$（図5.3の点Q）を通り，$z$ 軸と平行な直線が接平面と交わる点を R，点 P を通り x-y 面に平行な面と交わる点を M とする（図5.3）．MR を dz と記せば，点 $(a+\Delta x, b+\Delta y, c+dz)$ は接平面上にあるから，

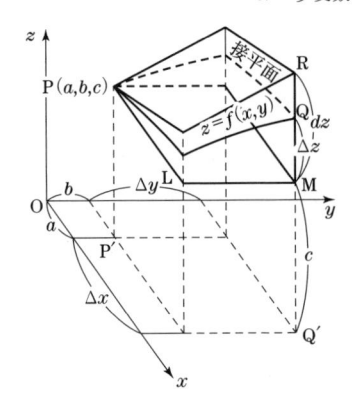

図 5.3 全微分の幾何学的な意味

$$c + dz - c = f_x(a,b)\Delta x + f_y(a,b)\Delta y \quad \text{すなわち} \quad dz = f_x(a,b)\Delta x + f_y(a,b)\Delta y$$

となる．したがって，全微分は幾何学的には図 5.3 の MR の長さを表すことになる．

5.7 偏微分法の応用

偏微分の応用として，極値問題を取り上げる．テイラー展開の公式から次式が成り立つ．

$$f(x,y) = f(a,b) + P(x-a) + Q(y-b)$$
$$+ \frac{1}{2}(A(x-a)^2 + 2B(x-a)(y-b) + C(y-b)^2) + h(x,y)$$

ただし，$P = f_x(a,b)$，$Q = f_y(a,b)$，$A = f_{xx}(a,b)$，$B = f_{xy}(a,b)$，$C = f_{yy}(a,b)$ であり，$h(x,y)$ は点 (x,y) が点 (a,b) に近づいたとき（2次式よりも速く）0になる関数である．この式は関数 $f(x,y)$ が点 (a,b) の近くで，まず平面（1次式）で近似されること，より正確には2次曲面（2次式）で近似されることを意味している．ここで，$f_x(a,b) = 0$，$f_y(a,b) = 0$ であれば，点 (a,b) での接平面

$$f(x,y) = f(a,b) + P(x-a) + Q(y-b)$$

の傾きが0であると考えられるため，極値をとることがわかる（必要条件）．そして，その点が極大か極小かを調べるには2次曲面を調べればよい．2次曲面

の性質を用いれば以下のことがわかる．

1. $AC - B^2 > 0$ の場合，もし $A > 0$ なら極小値をとり，$A < 0$ ならば極大値をとる．
2. $AC - B^2 < 0$ の場合には，（鞍点となり）極大でも極小でもない．
3. $AC - B^2 = 0$ の場合には，どちらともいえない．

> **例題 5.6**
> $u = x^3 + y^3 - 3xy$ の極値を求めよ．
> 【解】 $f(x,y) = x^3 + y^3 - 3xy$ とおくと
> $$f_x(x,y) = 3x^2 - 3y, \quad f_y(x,y) = 3y^2 - 3x$$
>
> $f_x = 0, f_y = 0$ を解くと，$y = x^2, x = y^2$ より，$(x-y)(x+y+1) = 0$
> これをみたす実根は
> $$\text{(a)} \quad x = y = 0 \quad \text{または} \quad \text{(b)} \quad x = y = 1$$
> (a) の場合は $A = f_{xx}(0,0) = 0, B = f_{xy}(0,0) = -3, C = f_{yy}(0,0) = 0$ より $AC - B^2 = -9$ となり極値ではない．(b) の場合は $A = f_{xx}(1,1) = 6, B = f_{xy}(1,1) = -3, C = f_{yy}(1,1) = 6$ より $AC - B^2 = 27$．したがって，極小値として $f(1,1) = -1$ をとる．

◇問 **5.4**◇　$x^2 + xy + 2y^2$ の極値を求めよ．

5.8　陰関数定理とその応用

y が x の関数であるときには，多くの場合 $y = f(x)$ のように右辺には y が含まれない形で表されている．しかし，x と y の間に関数関係があって，しかも y について解きにくい形をしている場合がある．たとえば

$$x^3 + y^3 - 3xy = 0$$

はその例である．このように，関数が

$$f(x,y) = 0 \tag{5.13}$$

の形で与えられて y について解きにくいとき，式 (5.13) を陰関数表示という．

陰関数表示された関数に対して以下の定理が成り立つことが知られている．

「関数 $f(x,y) = 0$ はある領域において連続で，かつ連続な偏導関数 f_x, f_y をもつとする．さらに，領域内の一点 (a,b) において $f(a,b) = 0$ とする．このとき，$f_y(a,b) \neq 0$ とすれば，点 $x = a$ の近くで

$$f(x, u(x)) = 0, \quad b = u(a)$$

を満足する関数 u が一意に決まり，また y の x に関する導関数は

$$\frac{dy}{dx} = -\frac{f_x(x,y)}{f_y(x,y)}$$

により計算できる」

この定理を陰関数定理という．

例題 5.7

次の関数を微分せよ．

(1) $ax^2 + 2bxy + cy^2 = 1$, (2) $y = x^y$

【解】 (1) $f = ax^2 + 2bxy + cy^2 - 1$ とおくと

$$f_x = 2ax + 2by, \quad f_y = 2bx + 2cy, \quad \frac{dy}{dx} = -\frac{f_x}{f_y} = -\frac{ax+by}{bx+cy}$$

(2) 両辺の対数をとれば $\log y = y \log x$ となり，$f = \log y - y \log x$ を x および y で微分して

$$f_x = -\frac{y}{x}, \quad f_y = \frac{1}{y} - \log x \quad \text{したがって} \quad \frac{dy}{dx} = \frac{y^2}{x(1 - y \log x)}$$

◇問 5.5◇ $x^3 + y^3 - 3xy = 0$ のとき，dy/dx を求めよ．

5.9 ラグランジュの未定乗数法

関数 $z = f(x,y)$ の極値を，ある与えられた x と y の間の条件（これを $g(x,y) =$

0 とする) のもとで求めることを考えよう. たとえば x と y の間に $x^2+y^2=c^2$ という関係があるとき, $z=x+y$ の極値を求めるというのがその例である. このような問題を条件付きの極値問題という.

$g=0$ から $0=dg=g_x dx+g_y dy$ が成り立つため, $g_y(x,y) \neq 0$ のとき

$$\frac{dy}{dx}=-\frac{g_x}{g_y}$$

となる. したがって,

$$\frac{dz}{dx}=f_x+f_y\frac{dy}{dx}=\frac{f_x g_y - f_y g_x}{g_y}$$

という関係が得られる. 極値をもつところでは, $dz/dx=0$ である必要があるため,

$$g(x,y)=0, \quad f_x g_y - f_y g_x = 0$$

の根が極値をとるときの x,y になる. なお, それが極大値であるか極小値であるかは d^2z/dx^2 の正負を調べるなどの方法を用いる.

まとめると, $g(x,y)=0$ という条件のもとで $z=f(x,y)$ を極大または極小にする x と y は, g_x と g_y が同時に 0 でないときは $f_x g_y - f_y g_x = 0$ の根である必要がある. この関係は λ を定数として, $u=f(x,y)+\lambda g(x,y)$ とおいて $u_x=0$ と $u_y=0$ から λ を消去しても導ける.

したがって, 以下の結論を得る.

$g(x,y)=0$ のとき, $f(x,y)$ を極大または極小にする x,y の値は $u=f+\lambda g$ とおいたとき, 連立方程式

$$g(x,y)=0, \quad u_x(x,y)=0, \quad u_y(x,y)=0$$

の根である. ただし, $g_x^2+g_y^2 \neq 0$ とする.

このようにして条件付きの極値問題を解く方法をラグランジュ (Lagrange) の未定乗数法という.

ラグランジュの未定乗数法は, 最大値や最小値をもつことがわかっている問題に対して, それらの具体的な値を求める場合に便利な方法である.

例題 5.8

ある材料で一定の容量 V をもつ，ふたのない円柱形の容器をつくるとする．側面の厚さを a，底面の厚さを b に固定した場合，材料の量を最小にするには容器の半径と高さをどのようにすればよいか．

【解】 図 5.4 に示すように，内径を x，深さを y とすれば，必要な材料の量 Q と容器 V の容積は

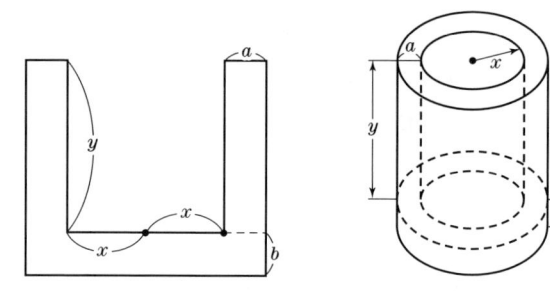

図 5.4 円柱形の容器の材料の量の最小値

$$Q = \pi(x+a)^2(y+b) - V, \quad V = \pi x^2 y$$

となる．ラグランジュの未定乗数法にしたがって

$$u = \pi(x+a)^2(y+b) - V + \lambda(\pi x^2 y - V)$$

とおく（V は定数）．このとき

$$\frac{\partial u}{\partial x} = 2\pi(x+a)(y+b) + 2\pi\lambda xy, \quad \frac{\partial u}{\partial y} = \pi(x+a)^2 + \pi\lambda x^2$$

となるから，$u_x = u_y = 0$ ならば

$$(x+a)(y+b) = -\lambda xy, \quad (x+a)^2 = -\lambda x^2$$

第 1 式を第 2 式で割って λ を消去すれば

$$\frac{y+b}{x+a} = \frac{y}{x} \quad \text{すなわち} \quad \frac{y}{x} = \frac{b}{a}$$

となる．幾何形状から最小値をとることは明らかなので，$x:y = a:b$ とすればよい．

なお，3変数以上の関数に対しても拡張ができて，たとえば3変数の場合には以下のようになる．

(1) $g(x,y,z) = 0$ の条件のもとで，$f(x,y,z)$ を極大または極小にする x, y, z の値は，λ を定数として，$u = f(x,y,z) + \lambda g(x,y,z)$ とおいたとき，連立方程式

$$g(x,y,z) = 0, \quad u_x(x,y,z) = 0, \quad u_y(x,y,z) = 0, \quad u_z(x,y,z) = 0$$

の根である．ただし，$u_x^2 + u_y^2 + u_z^2 \neq 0$ とする．

(2) $g(x,y,z) = 0$ および $h(x,y,z) = 0$ の条件のもとで $f(x,y,z)$ を極大または極小にする x, y, z の値は，λ と μ を定数として，

$$u = f(x,y,z) + \lambda g(x,y,z) + \mu h(x,y,z)$$

とおいたとき，連立方程式

$$g(x,y,z) = 0, \quad h(x,y,z) = 0, \quad u_x = 0, \quad u_y = 0, \quad u_z = 0$$

の根である．ただし，$(g_y h_z - g_z h_y)(g_z h_x - g_x h_z)(g_x h_y - g_y h_x) \neq 0$ とする．

▷章末問題◁

[5.1] $u = x/(x^2 + y^2)$ のとき，$u_x, u_y, u_{xy}, u_{xx} + u_{yy}$ を計算せよ．

[5.2] 関数 $f(x,y)$ が $f(tx, ty) = t^n f(x,y)$ を満足するとする．このとき

$$\left(x\frac{\partial}{\partial x} + y\frac{\partial}{\partial y}\right)^r f(x,y) = n(n-1)\cdots(n-r+1)f(x,y)$$

が成り立つことを示せ（同次関数に対するオイラーの定理）．

[5.3] 半径が一定の円に内接する三角形の面積が最大のものを求めよ．

[5.4] 空間内の固定点 P と平面 $ax + by + cz + d = 0$ 上にある点 Q の間の距離の最小値を求めよ．

6

多変数の積分法

6.1 2重積分

　定積分を2変数の関数に拡張してみよう．はじめに定積分について簡単に復習しておく．定積分とは積分区間を $[a,b]$ としたとき，曲線 $y = f(x)$ と y 軸に平行な2直線 $x = a, x = b$ および x 軸で囲まれた部分の面積であった．そしてこの面積を求めるために，積分区間を微小な区間に分割し，それを底辺とする細長い短冊の面積の和として全体の面積を求めた．すなわち，小区間を $[x_{j-1}, x_j]$ としたとき，短冊の面積は

$$f(\xi_j)(x_j - x_{j-1}) \quad (x_{j-1} \leq \xi_j \leq x_j)$$

となるため，定積分は

$$\int_a^b f(x)dx = \lim_{n \to \infty} \sum_{j=1}^n f(\xi_j)(x_j - x_{j-1})$$

により定義された．

　2変数の関数 $z = f(x,y)$ に定積分を拡張する場合には，まず $f(x,y)$ が曲面を表すため，曲面と底面（x-y 面）の間にできる立体の体積と定義するのが妥当である．このとき立体の側面として底面の境界に沿って，x-y 面に垂直な面をとるのが自然である．

　そこではじめに最も単純に底面の形を2辺が x 軸と y 軸に平行な長方形にしてみよう（図6.1）．このとき，x と y は $a \leq x \leq b$ と $c \leq y \leq d$ の範囲で変化する．1変数の場合と同様にこの領域を微小な領域に区切るが，それには x 方向の区間と y 方向の区間を細かく区切って微小な長方形に分けることにする．求

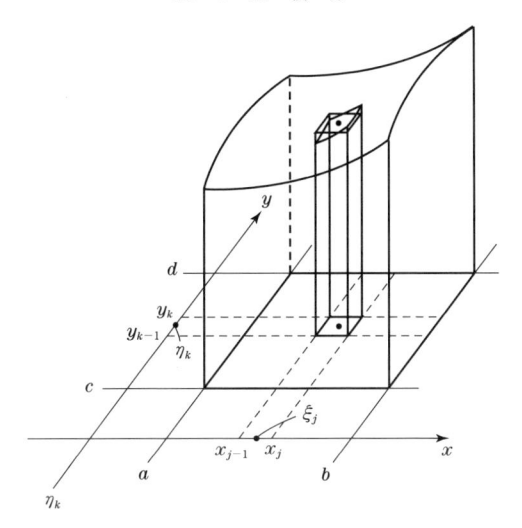

図 6.1 2重積分（長方形領域）

める体積は，この微小長方形を底面とし，$f(x,y)$ を上側の面とし，さらに x-y 面に垂直な側面をもつ細長い柱体を領域全体で足し合わせたもので近似できる．そこで，細長い柱体の体積を具体的に式で表してみよう．

いま，1つの微小長方形を取り出してその辺の長さが

$$\Delta x_j = x_j - x_{j-1}, \quad \Delta y_k = y_k - y_{k-1}$$

であるとする．このとき，この長方形内の1点を ξ_j, η_k とすると

$$x_{j-1} \leq \xi_j \leq x_j, \quad y_{k-1} \leq \eta_k \leq y_k$$

である．この小長方形を底面とする細長い柱体の体積は，細長い直方体の体積

$$V_{jk} = f(\xi_j, \eta_k)\Delta x_j \Delta y_k = f(\xi_j, \eta_k)(x_j - x_{j-1})(y_k - y_{k-1})$$

で近似できる．そこで，全体の体積は，これらを x 方向に m 個，y 方向に n 個，合計 mn 個足し合わせた

$$\sum_{j=1}^{m}\sum_{k=1}^{n} V_{jk} = \sum_{j=1}^{m}\sum_{k=1}^{n} f(\xi_j, \eta_k)\Delta x_j \Delta y_k$$

$$= \sum_{j=1}^{m} \sum_{k=1}^{n} f(\xi_j, \eta_k)(x_j - x_{j-1})(y_k - y_{k-1}) \tag{6.1}$$

となる．ただし，m は x 方向の区間の数，n は y 方向の区間の数である．

このとき，式 (6.1) が $m \to \infty$ および $n \to \infty$ の極限で ($\Delta x_j \to 0$, $\Delta y_k \to 0$ の条件のもとで)，微小長方形のとり方にかかわらず，一定値に収束したとする．その場合，極限値（すなわち体積）を

$$\int_a^b \int_c^d f(x,y) dx dy$$

と記すことにして，2重積分とよぶ．

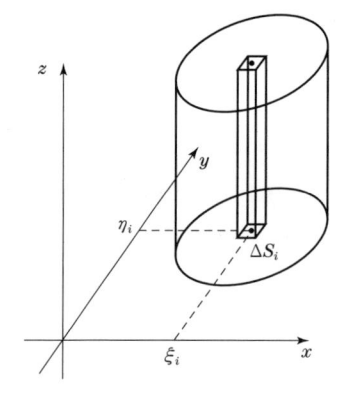

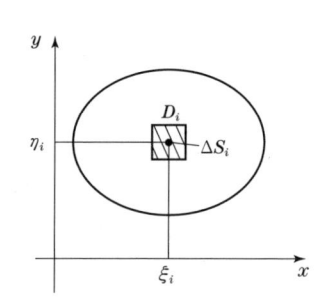

図 6.2 2重積分（一般の領域）

x-y 面での積分領域の形が長方形以外の閉じた領域（閉領域：閉じた曲線で囲まれた領域）の場合 (図 6.2) についても，D を N 個の微小領域に分割する．この小領域に番号をつけて，$D_1, D_2, \cdots, D_n$ とする．そして，それぞれの領域の面積を $\Delta S_1, \Delta S_2, \cdots, \Delta S_N$ とする．微小領域の分割の仕方は任意であるが，$N \to \infty$ のときすべて 0 になるように分割する．そして，領域 D_i に含まれる 1 点を (ξ_i, η_i) とする．このとき，底面が領域 D_i の形で，上の面が $f(x,y)$，また側面が D_i の境界線を通って x-y 面に垂直な面であるような柱体を考える．この柱体の体積は $f(\xi_i, \eta_i)\Delta S_i$ で近似できる．したがって，領域全体での体積はこの細長い柱体を足し合わせたもの

$$\sum_{i=1}^{N} f(\xi_i, \eta_i) \Delta S_i \tag{6.2}$$

で近似される．そこで，$N \to \infty$ の極限において（$\Delta S_i \to 0$ の条件のもとで），微小領域のとり方にかかわらず式 (5.2) が一定値に収束する場合，その極限値（すなわち体積）を

$$\iint_D f(x,y)dS$$

と記すことにして，2重積分とよぶ．はじめに述べた長方形領域での定義（$dS = dxdy$）は，ここで述べた定義の特殊な場合になっている．

なお，この定義で特に $f(x,y) = 1$ とおけば，2重積分した結果は閉領域 D の面積に等しくなる．

6.2 2重積分の性質

証明は行わないが2重積分に関する基本的な定理に以下のものがある．

「閉領域 D において $f(x,y)$ が連続ならば，$f(x,y)$ は領域 D で2重積分可能である」

さらに，2重積分には以下に列挙する諸性質がある．これらを理解するためには，2重積分が微小な面積に関数の値をかけたものの総和であることや曲面と x-y 面の間の体積（符号つき）であることを思い出せばよい．

$f(x,y), g(x,y)$ は領域 D において連続関数であるとする．また α, β は定数とする．このとき以下の関係が成り立つ．

1. $\displaystyle\iint_D (\alpha f(x,y) + \beta g(x,y))dxdy$
$\displaystyle = \alpha \iint_D f(x,y)dxdy + \beta \iint_D g(x,y)dxdy$

2. D を2つの領域 D_1, D_2 に分割したとき
$$\iint_D f(x,y)dxdy = \iint_{D_1} f(x,y)dxdy + \iint_{D_2} f(x,y)dxdy$$

3. D 内で $f(x,y) \leq g(x,y)$ とすれば
$$\iint_D f(x,y)dxdy \leq \iint_D g(x,y)dxdy$$

4. $\left| \displaystyle\int\int_D f(x,y)dxdy \right| \leq \displaystyle\int\int_D |f(x,y)|dxdy$

6.3 2重積分の計算法

はじめに図 6.1 に示した長方形領域における 2 重積分を考えよう．定義から，

$$\int_a^b \int_c^d f(x,y)dxdy = \lim_{\substack{m\to\infty\\ n\to\infty}} \sum_{j=1}^m \sum_{k=1}^n f(\xi_j,\eta_k)(x_j-x_{j-1})(y_k-y_{k-1}) \tag{6.3}$$

となるが，右辺において，まず j（したがって x_j）を固定して k について総和を計算してから，j について総和を計算してみよう．このとき

$$\int_a^b \int_c^d f(x,y)dxdy = \lim_{m\to\infty} \sum_{j=1}^m \left(\lim_{n\to\infty} \sum_{k=1}^n f(\xi_j,\eta_k)(y_k-y_{k-1}) \right)(x_j-x_{j-1})$$

$$= \lim_{m\to\infty} \sum_{j=1}^m \left(\int_c^d f(\xi_j,y)dy \right)(x_j-x_{j-1})$$

$$= \int_a^b \left(\int_c^d f(x,y)dy \right) dx$$

となる．ただし，1 変数の定積分の定義を用いた．上式の最右辺のかっこ内は x を定数として y で定積分することを意味し，その結果は x の式で表せる．その式をもう一度 x で定積分することを意味している．そこで，よりわかりやすく

$$\int_a^b \int_c^d f(x,y)dxdy = \int_a^b dx \int_c^d f(x,y)dy \tag{6.4}$$

と記すこともある．この式では，はじめに<u>右辺の右側の y について積分を計算してから，x について積分する</u>．

以上のことは x と y の役割をかえても成り立つ．すなわち，式 (6.3) の右辺において，k（したがって y_k）を固定して j について総和を計算してから，k について総和を計算する．このとき

$$\int_a^b \int_c^d f(x,y)dxdy$$

$$= \lim_{n \to \infty} \sum_{k=1}^{n} \left(\lim_{m \to \infty} \sum_{j=1}^{m} f(\xi_j, \eta_k)(x_j - x_{j-1}) \right)(y_k - y_{k-1})$$

$$= \lim_{n \to \infty} \sum_{k=1}^{n} \left(\int_a^b f(x, \eta_k) dx \right)(y_k - y_{k-1})$$

$$= \int_c^d \left(\int_a^b f(x, y) dx \right) dy$$

となる．上式の最右辺のかっこ内は y を定数として x で定積分することを意味し，その結果は y の式で表せる．その式をもう一度 y で定積分することを意味している．そこで，よりわかりやすく

$$\int_c^d \int_a^b f(x, y) dx dy = \int_c^d dy \int_a^b f(x, y) dx \tag{6.5}$$

と記すこともある．この式では，はじめに右辺の右側の x についての積分を計算してから，y について積分する．

特に $f(x, y) = g(x) h(y)$ であれば，式 (6.4), (6.5) は

$$\int_a^b \int_c^d g(x) h(y) dx dy = \int_a^b g(x) dx \int_c^d h(y) dy$$

というように2つの積分の積になる．

例題 6.1

座標軸と $x = a$, $y = b$ ($a > 0$, $b > 0$) で囲まれた長方形領域 A で次の積分を計算せよ．

(1) $\int_A xy dx dy$, (2) $\int_A xy(x^2 - y^2) dx dy$

【解】(1) $\int_A xy dx dy = \int_0^a x dx \int_0^b y dy = \left[\dfrac{x^2}{2} \right]_0^a \left[\dfrac{y^2}{2} \right]_0^b = \dfrac{a^2 b^2}{4}$

(2) $\int_A xy(x^2 - y^2) dx dy = \int_0^b \left(\int_0^a xy(x^2 - y^2) dx \right) dy$

$$= \int_0^b \left[\dfrac{x^4 y}{4} - \dfrac{x^2 y^3}{2} \right]_0^a dy = \int_0^b \left(\dfrac{a^4 y}{4} - \dfrac{a^2 y^3}{2} \right) dy$$

$$= \left[\dfrac{a^4 y^2}{8} - \dfrac{a^2 y^4}{8} \right]_0^b = \dfrac{a^2 b^2}{8}(a^2 - b^2)$$

図 6.3 2重積分の計算　　**図 6.4** 凹領域の分割

◇**問 6.1**◇　A を座標軸と $x=a$, $y=b(a>0,b>0)$ で囲まれた領域としたとき，次の積分を求めよ．

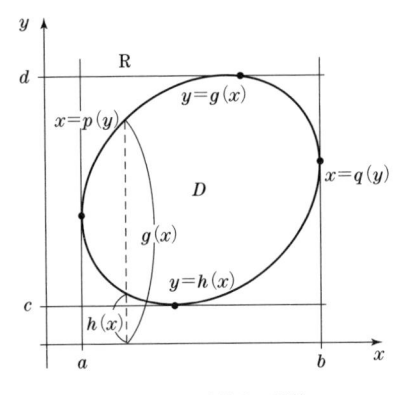

(1) $\iint e^{-(x+y)}dA$,　(2) $\iint (x+y)^2 dA$

次に x-y 面での領域の形が長方形でない場合を考える．図 6.3 のように，領域に接する長方形 R を考える．ただし，領域は凸であるとする．このとき，長方形の左右の辺が $x=a$, $x=b$ に，上下の辺が $y=c$, $y=d$ になったとする．そして x 方向の区間 $[a,b]$ において，もとの領域の上側の曲線と下側の曲線がそれぞれ

$$y=g(x), \quad y=h(x)$$

で表されたとする．同様に，y 方向の区間 $[c,d]$ において，もとの領域の左側の曲線と右側の曲線がそれぞれ

$$x=p(y), \quad x=q(y)$$

で表されたとする．もとの領域の形は指定されているため，これらの関数は既知のものである．なお，領域は凸であるため関数 g,h,p,q は 1 価関数である．

領域の形が図 6.4 に示すようにへこんでいる場合には，1 価関数にはならないものがあるが，その場合には図のように領域をいくつかの部分に分けてそれぞれの領域ではへこまないようにすればよい．全体の積分値は，各領域の積分

6.3 2重積分の計算法

値の和になる．

ここで，領域 D 内では値が 1，それ以外の部分では値が 0 となるような関数 $H(x, y)$ を考える．この関数は領域の境界で厳密には不連続になり，急激に変化するが，とりあえず連続につながっているものとしよう．このような関数 H を用いることにより，

$$\iint_D f(x,y) dx dy = \iint_R f(x,y) H(x,y) dx dy$$

となる．なぜなら fH は領域 D の外では 0 であり，その部分の積分は 0 となって積分結果に寄与せず，また領域 D 内では fH と f は一致するからである．一方，右辺の積分は長方形領域での積分であるから，前に述べた結果 (6.4)，(6.5) を使うことができる．たとえば式 (6.4) を用いれば

$$\iint_R f(x,y) H(x,y) dx dy = \int_a^b \int_c^d f(x,y) H(x,y) dx dy$$
$$= \int_a^b dx \int_c^d f(x,y) H(x,y) dy$$

となる．ここで，$H(x,y)$ の定義（D の外では 0）から

$$\int_c^d f(x,y) H(x,y) dy = \int_{g(x)}^{h(x)} f(x,y) dy$$

になることに注意し，これをもとの 2 重積分の式に代入すれば

$$\iint_D f(x,y) dx dy = \int_a^b dx \int_{g(x)}^{h(x)} f(x,y) dy \qquad (6.6)$$

となることがわかる．ただし，前と同様にこの式の右辺を計算するには，まず右側の定積分を計算する．その結果は x の関数となるため，それをもう一度 x で定積分すればよい．

同様に式 (6.5) をもとにすれば，関係式

$$\iint_D f(x,y) dx dy = \int_c^d dy \int_{p(y)}^{q(y)} f(x,y) dx \qquad (6.7)$$

が得られる．そこで，式の右側を定積分して y の関数を得たあと，それをもう一度 y で定積分すればよい．

例題 6.2
次の積分を求めよ．

(1) $\iint_A (x^2+y^2)dxdy \quad \left(A: \dfrac{x^2}{a^2}+\dfrac{y^2}{b^2} \leq 1, x \geq 0, y \geq 0\right)$

(2) $\iint_A 2x^2 y\, dA \quad (A: x^2+y^2 \geq 1, x-y+2 \geq 0, 0 \leq x \leq 1)$

【解】 (1) $\displaystyle\iint_A (x^2+y^2)dxdy = \int_0^a \left(\int_0^{b\sqrt{a^2-x^2}/a} (x^2+y^2)dy\right)dx$

$\displaystyle = \int_0^a \left(\frac{b}{a}x^2\sqrt{a^2-x^2} + \frac{b^3}{3a^3}(\sqrt{a^2-x^2})^3\right)dx$

$\displaystyle = a^3 b \int_0^{\pi/2} \sin^2\theta \cos^2\theta\, d\theta + \frac{ab^3}{3}\int_0^{\pi/2}\cos^4\theta\, d\theta$

$\displaystyle = \frac{1}{16}\pi ab(a^2+b^2) \quad (x=a\sin\theta \text{ とおいた})$

(2) 領域 A は直線 $x=0$，$x=1$，$y=x+2$ および半円 $y=\sqrt{1-x^2}$ で囲まれた領域であるから

$\displaystyle\iint_A 2x^2 y\, dA = \int_0^1 x^2\left(\int_{\sqrt{1-x^2}}^{x+2} 2y\, dy\right)dx$

$\displaystyle = \int_0^1 x^2\left((x+2)^2 - (\sqrt{1-x^2})^2\right)dx = \left[\frac{2}{5}x^5 + x^4 + x^3\right]_0^1 = \frac{12}{5}$

◇**問 6.2**◇ 次の積分を求めよ．

(1) $\iint_D y^3 dxdy \quad (D: x \geq 0, y \geq 0, x+y \leq 1)$

(2) $\iint_D xy\, dxdy \quad (D: y=x^2 \text{ と } y=\sqrt{x} \text{ で囲まれた領域})$

6.4 3 重 積 分

2重積分の考え方は，3変数以上の関数にもそのまま拡張できる．本節では，

3 変数の関数

$$u = f(x,y,z)$$

について説明する．3 次元の領域 V において以下のような計算を行うことを考える．まず，この領域を小さな領域 $V_1, V_2, \cdots, V_N$ に分割し，その体積を $\Delta V_1, \Delta V_2, \cdots, \Delta V_N$ とする．ただし，これらの体積は $N \to \infty$ のときすべて 0 になるものとする．また，1 つの小領域 V_i に含まれる任意の 1 点 P の座標を (ξ_i, η_i, ζ_i) とする．このとき，その点における関数値 $f(\xi_i, \eta_i, \zeta_i)$ と体積 ΔV_i の積を計算し，それを全部の小領域について足し合わせる．

$$\sum_{i=1}^{M} f(\xi_i, \eta_i, \zeta_i) \Delta V_i$$

上式が，$N \to \infty$ の極限において小領域のとり方によらず一定値に収束するならば，それを領域 V での $f(x,y,z)$ の 3 重積分とよび

$$\iiint_V f(x,y,z) dV$$

と記す．すなわち，次式のようになる．

$$\iiint_V f(x,y,z) dV = \lim_{M \to \infty} \sum_{i=1}^{M} f(\xi_i, \eta_i, \zeta_i) \Delta V_i$$

2 重積分の場合と同様に，3 重積分は関数 $f(x,y,z)$ が連続な場合に存在することが知られている．また 5.2 節で述べた諸性質も 3 重積分に読みかえることによりそのまま成り立つ．

3 重積分の計算法も 2 重積分に準じる．すなわち，直方体領域 $(x_1 \leq x \leq x_2)$, $(y_1 \leq y \leq y_2)$, $(z_1 \leq z \leq z_2)$ では

$$\iiint_V f(x,y,z) dV = \int_{x_1}^{x_2} \int_{y_1}^{y_2} \int_{z_1}^{z_2} f(x,y,z) dx dy dz$$

となる．直方体でない場合にも，領域 V に接する直方体 R を考え，さらに V 内で 1，V 外で 0 となる関数

$$H(x,y,z) = 1$$

を導入することにより

$$\iiint_V f(x,y,z)dV = \iiint_R f(x,y,z)H(x,y,z)dV$$

というように直方体での積分に帰着できる．そこで，たとえば図 6.5 に示すように V が 2 つの曲面 $z = g_1(x,y)$, $z = g_2(x,y)(g_1 \leq g_2)$ で表され，この 2 つの曲面の境界の x-y 面に対する正射影 C が，$y = h_1(x)$, $y = h_2(x)$ ($h_1 \leq h_2$) で表されるならば

$$\iiint_V f(x,y,z)dV = \int_a^b \left[\int_{h_1(x)}^{h_2(x)} \left(\int_{g_1(x,y)}^{g_2(x,y)} f(x,y,z)dz \right) dy \right] dx$$
$$= \int_a^b dx \int_{h_1(x)}^{h_2(x)} dy \int_{g_1(x,y)}^{g_2(x,y)} f(x,y,z)dz$$

により計算できる．ただし，上式の最右辺は右から計算する．すなわち，まず z に関して定積分を計算すれば，結果は x, y の関数となり，さらにそれを y に関して定積分すれば x の関数になり，最後にその結果を x に関して定積分すればよい．

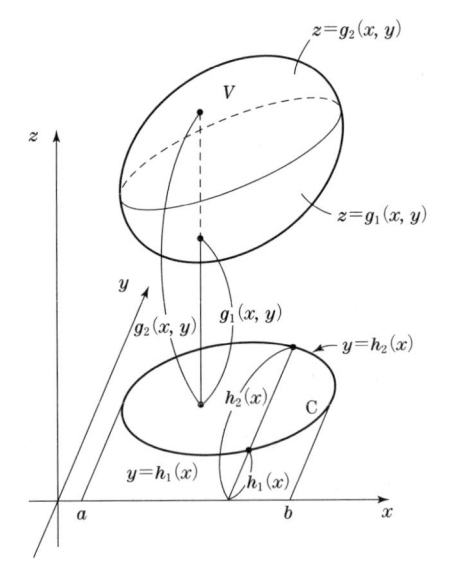

図 6.5 3 重積分の計算

例題 6.3

次の曲面で囲まれた部分の体積を求めよ.

$$\frac{x^2}{a^2} + \frac{y^2}{b^2} + \frac{z^2}{c^2} = 1 \quad (a > 0, b > 0, c > 0)$$

【解】 体積を V とする.このとき,第 1 象限の部分の体積は $V/8$ であるから

$$\begin{aligned}
V &= 8 \int_0^a dx \int_0^{\frac{b}{a}\sqrt{a^2-x^2}} dy \int_0^{c\sqrt{1-\frac{x^2}{a^2}-\frac{y^2}{b^2}}} dz \\
&= 8 \int_0^a dx \int_0^{bt} c\sqrt{t^2 - \frac{y^2}{b^2}} dy \quad \left(t^2 = 1 - \frac{x^2}{a^2} とおく\right) \\
&= 8 \int_0^a dx \int_0^{\frac{\pi}{2}} ct \cos\theta bt \cos\theta d\theta \quad (y = bt\sin\theta とおく) \\
&= 8 \int_0^a bct^2 dx \int_0^{\frac{\pi}{2}} \frac{1 + \cos 2\theta}{2} d\theta \\
&= 8 \int_0^a bc \left(1 - \frac{x^2}{a^2}\right) \frac{\pi}{4} dx = \frac{4}{3}\pi abc
\end{aligned}$$

6.5 変数変換

1 変数の積分の置換積分を 2 変数の場合に拡張してみよう.すなわち,関数 $z = f(x,y)$ の独立変数 x, y が,他の独立変数 u, v の関数

$$x = x(u,v), \quad y = y(u,v) \tag{6.8}$$

になっている場合,もとの関数の x-y 面での積分が,u-v 面の積分でどのように表されるかを考えてみよう.

はじめに式 (6.8) が線形変換

$$x = au + bv, \quad y = cu + dv \quad (ad - bc \neq 0) \tag{6.9}$$

の場合を調べる.線形変換によって,$x = m$, $y = n$ という y 軸および x 軸に

平行な直線は，2直線

$$au + bv = m, \quad cu + dv = n$$

に写像されるため，長方形は平行四辺形に写される．面積の拡大率を調べるため，図 6.6 に示すように x-y 面において $(0,0)$, $(1,0)$, $(1,1)$, $(0,1)$ に頂点をもつ面積 1 の正方形を考える．この正方形は式 (6.9) によって u-v 面で $(0,0)$, $(d/J, -c/J)$, $((d-b)/J, (a-c)/J)$, $(-b/J, a/J)$ に頂点をもつ平行四辺形に写像される．ただし $J = ad - bc$ である．したがって，線形変換 (6.8) によって x-y 面の領域の面積が $1/J$ 倍されることがわかる．このことから x-y 面の面積素に対応する面積素を u-v 面において考える場合には $Jdudv$ とする必要がある (7.5 節，8.7 節，9.1 節参照)．以上の考察から，線形変換により

$$\int\int_D f(x,y)dx = \int\int_A f(x(u,v), y(u,v))|ad-bc|dudv$$

となることがわかる．

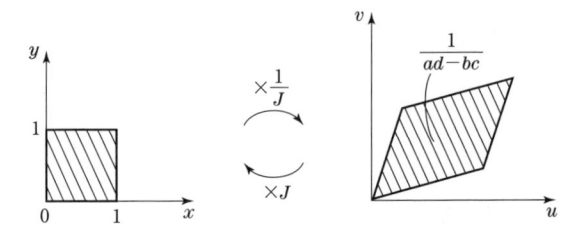

図 6.6 線形変換

線形変換でない場合でも，$x_0 = x(u_0, v_0)$, $y_0 = y(u_0, v_0)$ としたとき，(u_0, v_0) の近くで

$$x(u,v) = x(u_0, v_0) + \frac{\partial x}{\partial u}(u - u_0) + \frac{\partial x}{\partial v}(v - v_0)$$
$$y(u,v) = y(u_0, v_0) + \frac{\partial y}{\partial u}(u - u_0) + \frac{\partial y}{\partial v}(v - v_0)$$

となるため，局所的に線形変換とみなせる．このとき

$$a = \frac{\partial x}{\partial u}, \quad b = \frac{\partial x}{\partial v}, \quad c = \frac{\partial y}{\partial u}, \quad d = \frac{\partial y}{\partial v}$$

となる．そこで，前述のとおり x-y 面の微小面積 $dxdy$ は，u-v 面においては $|J|dudv$ にとる必要がある．ただし

$$J = \frac{\partial x}{\partial u}\frac{\partial y}{\partial v} - \frac{\partial y}{\partial u}\frac{\partial x}{\partial v} \tag{6.10}$$

であり，変換のヤコビアン（ヤコビ（Jacobi）行列）とよばれる．

以上のことから D を x-y 面での領域，E を変換によって写像された u-v 面での領域とすれば，次式が成り立つことがわかる．

$$\iint_D f(x,y)dxdy = \iint_E f(x(u,v), y(u,v))Jdudv \tag{6.11}$$

例題 6.4
(1) 式 (6.11) は $x = r\cos\theta$, $y = r\sin\theta$（極座標）のときどうなるか．
(2) 球面 $x^2 + y^2 + z^2 = 1$ と円柱面 $x^2 + y^2 = x$ によって囲まれた部分の体積を求めよ．

【解】 (1) 式 (6.10) で $u = r$, $v = \theta$ とみなせば

$$J = \frac{\partial x}{\partial r}\frac{\partial y}{\partial \theta} - \frac{\partial y}{\partial r}\frac{\partial x}{\partial \theta} = r\cos^2\theta + r\sin^2\theta = r$$

したがって，式 (6.11) は

$$\iint_D f(x,y)dxdy = \iint_E f(r\cos\theta, r\sin\theta)rdrd\theta$$

となる．
(2) $x = r\cos\theta$, $y = r\sin\theta$ とおくと球面は $r^2 + z^2 = 1$ となる．対称性を考えて $x \geq 0, y \geq 0, z \geq 0$ の部分のみを考えると，$z \geq 0$ であるため，$z = \sqrt{1-r^2}$ となる．一方，半径 1 の円柱面は $z = \cos\theta$ となる．したがって，体積を V として (1) の結果を使えば

$$\frac{V}{4} = \int_0^{\pi/2} d\theta \int_0^{\cos\theta} \sqrt{1-r^2}rdr = \int_0^{\pi/2} \left[\frac{2}{3}\frac{-1}{2}(1-r^2)^{3/2}\right]_0^{\cos\theta} d\theta$$

$$= \frac{1}{3}\int_0^{\pi/2}(1-\sin^3\theta)d\theta$$

$$= \frac{1}{3}\left(\int_0^{\frac{\pi}{2}} d\theta - \int_0^{\frac{\pi}{2}}(1-\cos^2\theta)\sin\theta d\theta\right)$$

$$= \frac{1}{3}\left(\frac{\pi}{2} + \int_1^0 (1-t^2)dt\right) \quad (t = \cos\theta)$$
$$= \frac{1}{3}\left(\frac{\pi}{2} - \frac{2}{3}\right)$$

したがって,
$$V = \frac{4}{3}\left(\frac{\pi}{2} - \frac{2}{3}\right)$$

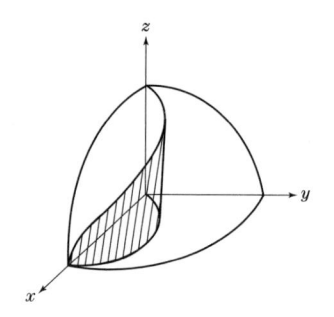

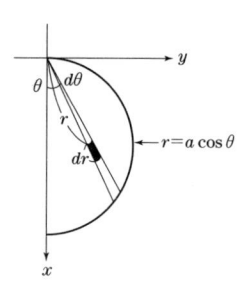

図 6.7 球と円柱からできる立体

▷章末問題◁

[6.1] 次の積分を計算せよ.

(1) $\displaystyle\int_0^a \int_0^b xy(x+y)dydx$, (2) $\displaystyle\int_0^\pi d\theta \int_0^{a(1-\cos\theta)} r^2 \sin\theta dr$

[6.2] 次の積分を計算せよ.

(1) $\displaystyle\iint_S x^2 y\, dS \ (S: x \geq 0, y \geq 0, x^2 + 4y^2 \leq a^2)$

(2) $\displaystyle\iint_S xy\, dS \ (S: x^2 + y^2 \geq 1, x - y + 2 \geq 0, 0 \leq x \leq 1)$

[6.3] 極座標 $x = r\cos\theta, \ y = r\sin\theta$ を用いて
$$\int_{-\infty}^\infty e^{-x^2}dx \int_{-\infty}^\infty e^{-y^2}dy = \int_{-\infty}^\infty \int_{-\infty}^\infty e^{-x^2-y^2}dxdy$$
の値を計算せよ.この結果から
$$\int_{-\infty}^\infty e^{-x^2}dx$$

の値を求めよ．

[6.4] 回転放物面 $z = 1 - x^2 - y^2$ と円柱 $x^2 + y^2 = x$ および平面 $z = 0$ で囲まれた部分の体積を求めよ．

[6.5] 図に示すような密度が一様な半球の重心を求めよ．ただし，密度が一様で体積 V の物体の重心の座標 (x_G, y_G, z_G) は

$$x_G = \frac{\iiint_V x\,dV}{V}, \quad y_G = \frac{\iiint_V y\,dV}{V}, \quad z_G = \frac{\iiint_V z\,dV}{V}$$

で与えられる．

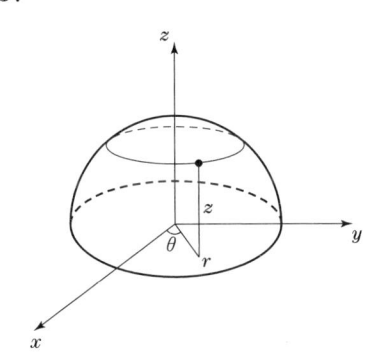

図 6.8 半球の重心

7

ベクトルの微積分

7.1 ベクトル関数

　空間内を運動する点の軌跡を考えよう．ただし，その特殊な場合として平面内の運動も含むものとする．ある時刻の点の座標を (x, y, z) とすると，この点は

$$\boldsymbol{r} = x\boldsymbol{i} + y\boldsymbol{j} + z\boldsymbol{k}$$

という位置を表すベクトルの終点として表示できる．点の位置は時々刻々変化するため，座標 (x, y, z) は時間 t の関数 $(x(t), y(t), z(t))$ になっており，したがってベクトル $\boldsymbol{r}$ も t の関数

$$\boldsymbol{r}(t) = x(t)\boldsymbol{i} + y(t)\boldsymbol{j} + z(t)\boldsymbol{k} \tag{7.1}$$

とみなすことができる．このようにベクトル（位置ベクトルでなくてもよい）の成分が，ある独立変数（時間でなくてもよい）の関数になっている場合をベクトル関数とよぶ．一般にベクトル関数 $\boldsymbol{r}(t)$ は独立変数 t を変化させることにより空間内の曲線（2次元ベクトルの場合は平面内の曲線）になる．なお，各成分が独立変数の連続関数であるとき，ベクトル関数も連続であるという．

　空間内の点の位置が 2 つの独立変数 u, v の場合には位置ベクトル $\boldsymbol{r}$ も u, v の関数

$$\boldsymbol{r}(u, v) = x(u, v)\boldsymbol{i} + y(u, v)\boldsymbol{j} + z(u, v)\boldsymbol{k} \tag{7.2}$$

になる．このような場合もベクトル関数とよぶ．このとき，v を一定値に固定すれば，$\boldsymbol{r}$ は u だけの関数となり，その結果，1 つの空間曲線を描く（図 7.1）．そして，v を別の一定値にとれば別の空間曲線になる．そこで，v を変化させ

7.2 ベクトル関数の微積分

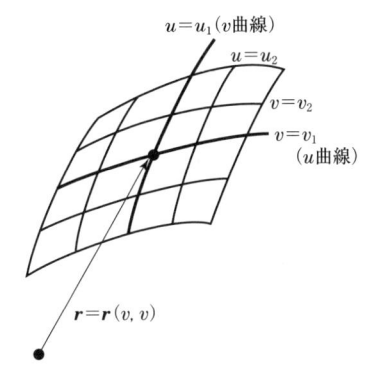

図 7.1 空間曲線と曲面

ると曲線群ができるが，徐々に連続的に変化させれば曲線も徐々に変化して，1つの面を描くと考えられる．すなわち，ベクトル関数 $r(u,v)$ は空間内の曲面を表示することになる．

7.2 ベクトル関数の微積分

独立変数が1つの場合にもどって，t が $t + \Delta t$ に変化したとする．このとき点の位置は $r(t)$ から $r(t + \Delta t)$ に変化する．そこで，r の変化分を t の変化分で割った

$$\frac{r(t + \Delta t) - r(t)}{(t + \Delta t) - t}$$

に対して $\Delta t \to 0$ での極限値が存在するとき，これをベクトル関数の点 t における微分係数とよび，r' または dr/dt と記す．すなわち，

$$\frac{dr}{dt} = \lim_{\Delta t \to 0} \frac{r(t + \Delta t) - r(t)}{\Delta t} \tag{7.3}$$

である．これは図 7.2 から r が表す曲線の点 P での接線と平行なベクトルである．微分係数を t の関数と考えたとき，導関数とよび，導関数を求めることを微分するという．

$r(t)$ の成分表示が

$$r(t) = r_1(t)\boldsymbol{i} + r_2(t)\boldsymbol{j} + r_3(t)\boldsymbol{k}$$

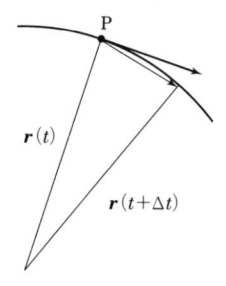

図 7.2 接線ベクトル

である場合には，導関数の定義式にこの関係式を代入することにより

$$\frac{d\boldsymbol{r}}{dt} = \frac{dr_1}{dt}\boldsymbol{i} + \frac{dr_2}{dt}\boldsymbol{j} + \frac{dr_3}{dt}\boldsymbol{k} \tag{7.4}$$

が成り立つことがわかる．すなわち，導関数を計算する場合には成分ごとに微分すればよい．なお，このことは基本ベクトル $(\boldsymbol{i},\boldsymbol{j},\boldsymbol{k})$ が定数ベクトルのときに限られる．

k を定数，$\boldsymbol{K}$ を一定のベクトル（定数ベクトル），f をふつうのスカラーの関数，$\boldsymbol{A}(t),\boldsymbol{B}(t)$ をベクトル関数としたとき，以下の諸公式が成り立つ．

(1) $\dfrac{d\boldsymbol{K}}{dt} = 0$, (2) $\dfrac{d}{dt}(\boldsymbol{A}+\boldsymbol{B}) = \dfrac{d\boldsymbol{A}}{dt} + \dfrac{d\boldsymbol{B}}{dt}$, (3) $\dfrac{d}{dt}(k\boldsymbol{A}) = k\dfrac{d\boldsymbol{A}}{dt}$,

(4) $\dfrac{d}{dt}(\boldsymbol{K}\cdot\boldsymbol{A}) = \boldsymbol{K}\cdot\dfrac{d\boldsymbol{A}}{dt}$, (5) $\dfrac{d}{dt}(\boldsymbol{K}\times\boldsymbol{A}) = \boldsymbol{K}\times\dfrac{d\boldsymbol{A}}{dt}$,

(6) $\dfrac{d}{dt}(f\boldsymbol{A}) = \dfrac{df}{dt}\boldsymbol{A} + f\dfrac{d\boldsymbol{A}}{dt}$,

(7) $\dfrac{d}{dt}(\boldsymbol{A}\cdot\boldsymbol{B}) = \dfrac{d\boldsymbol{A}}{dt}\cdot\boldsymbol{B} + \boldsymbol{A}\cdot\dfrac{d\boldsymbol{B}}{dt}$, $\dfrac{d}{dt}(\boldsymbol{A}\times\boldsymbol{B}) = \dfrac{d\boldsymbol{A}}{dt}\times\boldsymbol{B} + \boldsymbol{A}\times\dfrac{d\boldsymbol{B}}{dt}$

2 階以上の導関数も同様に定義できる．たとえば 2 階導関数は導関数の導関数として

$$\frac{d^2\boldsymbol{r}}{dt^2} = \lim_{\Delta t \to 0} \frac{\boldsymbol{r}'(t+\Delta t) - \boldsymbol{r}'(t)}{\Delta t} \tag{7.5}$$

によって定義される．

ベクトル関数が 2 変数（以上）の場合には微分は偏微分になる．たとえば，u に関する偏微分は v を固定して微分することであるから

$$\frac{\partial \boldsymbol{r}}{\partial u} = \lim_{\Delta u \to 0} \frac{\boldsymbol{r}(u+\Delta u, v) - \boldsymbol{r}(u,v)}{\Delta u} \tag{7.6}$$

で定義できる．同様に，v に関する偏微分は

$$\frac{\partial \boldsymbol{r}}{\partial v} = \lim_{\Delta v \to 0} \frac{\boldsymbol{r}(u, v+\Delta v) - \boldsymbol{r}(u, v)}{\Delta v} \tag{7.7}$$

により定義する．スカラー関数の場合と同様に

$$\frac{\partial^2 \boldsymbol{r}}{\partial u \partial v}, \quad \frac{\partial^2 \boldsymbol{r}}{\partial v \partial u}$$

が連続であれば

$$\frac{\partial^2 \boldsymbol{r}}{\partial u \partial v} = \frac{\partial^2 \boldsymbol{r}}{\partial v \partial u}$$

が成り立ち，微分の順序が交換できる．

例題 7.1

(1) $\boldsymbol{A} = a\cos u \boldsymbol{i} + a\sin u \boldsymbol{j} + bu\boldsymbol{k}$ の 1 階および 2 階導関数を求めよ．

(2) $\boldsymbol{A} = u\boldsymbol{i} + v\boldsymbol{j} + (u^2+v^2)\boldsymbol{k}$ の 1 階および 2 階偏導関数を求めよ．

【解】 (1) $\dfrac{d\boldsymbol{A}}{du} = -a\sin u \boldsymbol{i} + a\cos u \boldsymbol{j} + b\boldsymbol{k}, \quad \dfrac{d^2\boldsymbol{A}}{du^2} = -a\cos u \boldsymbol{i} - a\sin u \boldsymbol{j}$

(2) $\dfrac{\partial \boldsymbol{A}}{\partial u} = \boldsymbol{i}+2u\boldsymbol{k}, \quad \dfrac{\partial \boldsymbol{A}}{\partial v} = \boldsymbol{j}+2v\boldsymbol{k}, \quad \dfrac{\partial^2 \boldsymbol{A}}{\partial u^2} = 2\boldsymbol{k}, \quad \dfrac{\partial^2 \boldsymbol{A}}{\partial u \partial v} = 0, \quad \dfrac{\partial^2 \boldsymbol{A}}{\partial v^2} = 2\boldsymbol{k}$

◇**問 7.1**◇ $\boldsymbol{A} = e^{-2u}\boldsymbol{i} + \sin u \boldsymbol{j} + \cosh u \boldsymbol{k}$ の u に関する 1 階および 2 階導関数を求めよ．

あるベクトル関数 $\boldsymbol{F}(t)$ の導関数がベクトル関数 $\boldsymbol{f}(t)$ になっているとき，$\boldsymbol{F}(t)$ を $\boldsymbol{f}(t)$ の不定積分とよび，

$$\boldsymbol{F}(t) = \int \boldsymbol{f}(t) dt \tag{7.8}$$

で表す．$\boldsymbol{C}$ を任意の定数ベクトルとしたとき，$\boldsymbol{F}(t) + \boldsymbol{C}$ も $\boldsymbol{f}(t)$ の不定積分になっている．すなわち，不定積分はいくらでもある．$\boldsymbol{f}(t)$ の成分表示が

$$\boldsymbol{f}(t) = f_1(t)\boldsymbol{i} + f_2(t)\boldsymbol{j} + f_3(t)\boldsymbol{k}$$

であるとすれば

$$\int \boldsymbol{f}(t) dt = \boldsymbol{i} \int f_1(t) dt + \boldsymbol{j} \int f_2(t) dt + \boldsymbol{k} \int f_3(t) dt \tag{7.9}$$

となる．すなわち，成分ごとに積分すればよい．

A, B をベクトル関数，k を定数，K を定数ベクトルとしたとき，以下の関係式が成り立つ．

(1) $\int (A + B)dt = \int A dt + \int B dt,$ (2) $\int kA dt = k \int A dt$

(3) $\int K \cdot A dt = K \cdot \int A dt,$ (4) $\int K \times A dt = K \times \int A dt$

ベクトル関数の定積分もふつうのスカラー関数の定積分と同様に次のようにして定義できる．ベクトル関数 $f(t)$ が区間 $[a, b]$ で連続であるとする．この区間を微小区間 $\Delta t_1, \Delta t_2, \cdots, \Delta t_n$ に分割する．この分割の仕方は任意でよいが，$n \to \infty$ のとき，すべての区間幅は 0 になるとする．さらに各区間内の任意の一点を，$\xi_1, \xi_2, \cdots, \xi_n$ とする．このとき，

$$S_n = f(\xi_1)\Delta t_1 + f(\xi_2)\Delta t_2 + \cdots + f(\xi_n)\Delta t_n = \sum_{k=1}^{n} f(\xi_k)\Delta t_k$$

とすれば，この和は $n \to \infty$ のとき一定値に収束することが証明できる．その一定値をベクトル関数 $f(t)$ の定積分とよび，

$$\int_a^b f(t)dt = \lim_{n \to \infty} \sum_{k=1}^{n} f(\xi_k)\Delta t_k \tag{7.10}$$

で表す．ベクトル関数を成分表示すれば，定義から定積分も成分ごとに行えばよいことがわかる．すなわち

$$\int_a^b f(t)dt = i \int_a^b f_1(t)dt + j \int_a^b f_2(t)dt + k \int_a^b f_3(t)dt \tag{7.11}$$

が成り立つ．

さらに $F(t)$ を $f(t)$ の 1 つの不定積分とすれば，スカラー関数と同様に

$$\int_a^b f(t)dt = \big[F(t)\big]_a^b = F(b) - F(a) \tag{7.12}$$

が成り立つ．

> **例題 7.2**
> $A = u^2 i - (u+1)j + 2uk,\ B = (2u-1)i + j - uk$ のとき，次の定積分を求めよ．

(1) $\int_0^1 \boldsymbol{A} du$,　(2) $\int_0^1 \boldsymbol{A}\cdot\boldsymbol{B} du$,　(3) $\int_0^1 \boldsymbol{A}\times\boldsymbol{B} du$

【解】(1) $\int_0^1 (u^2\boldsymbol{i} - (u+1)\boldsymbol{j} + 2u\boldsymbol{k}) du = \left[\dfrac{u^3}{3}\boldsymbol{i} - \left(\dfrac{u^2}{2}+u\right)\boldsymbol{j} + u^2\boldsymbol{k}\right]_0^1$
$= \dfrac{1}{3}\boldsymbol{i} - \dfrac{3}{2}\boldsymbol{j} + \boldsymbol{k}$

(2) $\boldsymbol{A}\cdot\boldsymbol{B} = u^2(2u-1) - (u+1) - 2u^2 = 2u^3 - 3u^2 - u - 1$

$\int_0^1 \boldsymbol{A}\cdot\boldsymbol{B} du = \int_0^1 (2u^3 - 3u^2 - u - 1) du = \left[\dfrac{u^4}{2} - u^3 - \dfrac{u^2}{2} - u\right]_0^1 = -2$

(3) $\boldsymbol{A}\times\boldsymbol{B} = \begin{vmatrix} \boldsymbol{i} & \boldsymbol{j} & \boldsymbol{k} \\ u^2 & -(u+1) & 2u \\ 2u-1 & 1 & -u \end{vmatrix}$
$= (u^2 - u)\boldsymbol{i} + (u^3 + 4u^2 - 2u)\boldsymbol{j} + (3u^2 + u - 1)\boldsymbol{k}$

$\int_0^1 \boldsymbol{A}\times\boldsymbol{B} du = \int_0^1 [(u^2-u)\boldsymbol{i} + (u^3+4u^2-2u)\boldsymbol{j} + (3u^2+u-1)\boldsymbol{k}] du$
$= \left[\left(\dfrac{u^3}{3} - \dfrac{u^2}{2}\right)\boldsymbol{i} + \left(\dfrac{u^4}{4} + \dfrac{4}{3}u^3 - u^2\right)\boldsymbol{j} + \left(u^3 + \dfrac{u^2}{2} - u\right)\boldsymbol{k}\right]_0^1 = -\dfrac{\boldsymbol{i}}{6} + \dfrac{7}{12}\boldsymbol{j} + \dfrac{\boldsymbol{k}}{2}$

◇問 **7.2** ◇　$\boldsymbol{A}(u) = (u^2 - u)\boldsymbol{i} + 2u^3\boldsymbol{j} + 3u\boldsymbol{k}$ のとき，$\int \boldsymbol{A} du, \int_0^1 \boldsymbol{A} du$ を求めよ．

7.3　空間曲線

前述のようにベクトル関数

$$\boldsymbol{r}(t) = x(t)\boldsymbol{i} + y(t)\boldsymbol{j} + z(t)\boldsymbol{k}$$

は空間内の曲線を描く．いま t が a から b に増加するとき，描いた曲線の長さ（弧長）を求めてみよう．それには区間 $[a,b]$ を微小な弧に分けて，その弧の長

さを足し合わせればよい．そこで，全体を n 個の弧に分けたとして，先頭から数えて i 番目の弧に対応する t の区間を $[t_{i-1}, t_i]$ とする．区間幅が十分に短ければ，弧の長さと，弧の両端を結ぶ弦の長さはほぼ等しいと考えられる．すなわち弧の長さを Δs_i とすれば

$$\Delta s_i \sim \sqrt{(x(t_i)-x(t_{i-1}))^2 + (y(t_i)-y(t_{i-1}))^2 + (z(t_i)-z(t_{i-1}))^2}$$

となる．ここで，$\Delta t_i = t_i - t_{i-1}$ とおいてテイラー展開を用いれば

$$\begin{aligned}x(t_i) - x(t_{i-1}) &= x(t_{i-1}+\Delta t_i) - x(t_{i-1}) \\ &= x(t_{i-1}) + \Delta t_i \frac{dx}{dt} + O((\Delta t)^2) - x(t_{i-1}) \sim \Delta t_i \frac{dx}{dt}\end{aligned}$$

となる．同様に

$$y(t_i) - y(t_{i-1}) \sim \Delta t_i \frac{dy}{dt}$$
$$z(t_i) - z(t_{i-1}) \sim \Delta t_i \frac{dz}{dt}$$

となるから，

$$\Delta s_i \sim \sqrt{\left(\frac{dx}{dt}\right)^2 + \left(\frac{dy}{dt}\right)^2 + \left(\frac{dz}{dt}\right)^2} \Delta t_i$$

と近似できる．そこでこれらを足し合わせて，$n \to \infty$ とすれば，弧長 s は定積分の定義から

$$\int_a^b \sqrt{\left(\frac{dx}{dt}\right)^2 + \left(\frac{dy}{dt}\right)^2 + \left(\frac{dz}{dt}\right)^2}\, dt = \int_a^b \left|\frac{d\boldsymbol{r}}{dt}\right| dt \tag{7.13}$$

となることがわかる．

> **例題 7.3**
> 曲線 $\boldsymbol{r} = a\cos t\,\boldsymbol{i} + a\sin t\,\boldsymbol{j} + bt\,\boldsymbol{k}$ 上の点 $t=0$ と $t=T$ の間の弧長を求めよ．
> 【解】 $x = a\cos t$, $y = a\sin t$, $z = bt$ であるから，弧長を s とすると
> $$\left(\frac{dx}{dt}\right)^2 + \left(\frac{dy}{dt}\right)^2 + \left(\frac{dz}{dt}\right)^2 = (-a\sin t)^2 + (a\cos t)^2 + b^2 = a^2 + b^2$$

$$s = \int_0^T \sqrt{\left(\frac{dx}{dt}\right)^2 + \left(\frac{dy}{dt}\right)^2 + \left(\frac{dz}{dt}\right)^2} dt$$
$$= \int_0^T \sqrt{a^2 + b^2} dt = \sqrt{a^2 + b^2} T$$

◇問 **7.3**◇　$r = t^2 i + 2\sin t j + 2\cos t k$ の $t=0$ と $t=1$ の間の弧長 s を求めよ.

弧長を求める式で積分区間の上端を変数 t とおけば, 弧長は t の関数

$$s(t) = \int_a^t \left|\frac{dr}{dt}\right| dt \tag{7.14}$$

となる. 被積分関数は正であるから, 関数 $s(t)$ は t の増加にともない単調増加する. したがって, $r(t)$ に対して独立変数として t のかわりに s をとれば $r(s)$ に変えることもできる. このとき r を s で微分すれば

$$\frac{dr}{ds} = \frac{dr}{dt}\frac{dt}{ds}$$

となるが, その大きさは

$$\left|\frac{dr}{ds}\right| = \left|\frac{dr}{dt}\right|\left|\frac{dt}{ds}\right| = \left|\frac{ds}{dt}\right|\left|\frac{dt}{ds}\right| = 1$$

となる. 一方, dr/ds は r の描く接線の方向を向いている (図 7.2 参照). そこで

$$t = dr/ds \tag{7.15}$$

は単位接線ベクトルとよばれる.

$t \cdot t = 1$ をもう一度 s で微分してみよう. このとき

$$t \cdot \frac{dt}{ds} = 0$$

となるから, dt/ds は接線に垂直になる. したがって,

$$n = \frac{dt}{ds} \bigg/ \left|\frac{dt}{ds}\right| \tag{7.16}$$

は大きさが 1 で接線に垂直なベクトルを表し, 単位法線ベクトルとよばれる.

ここで dt/ds の幾何学的な意味を考えてみよう. t は単位接線ベクトルであ

図 7.3 弧の長さ　　　　図 7.4 曲率

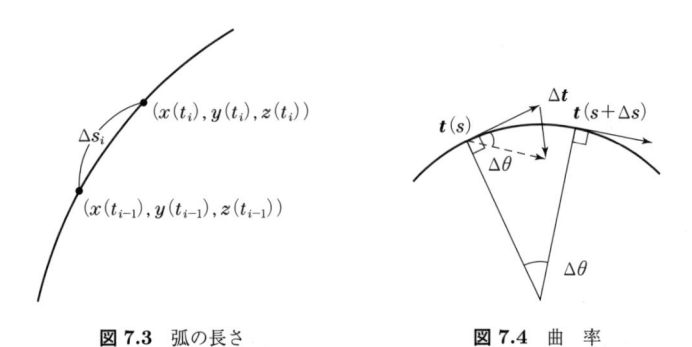

るから

$$\Delta \boldsymbol{t} = \boldsymbol{t}(s + \Delta s) - \boldsymbol{t}(s)$$

は接線の方向の変化であり，図 7.4 から（$|\boldsymbol{t}| = 1$ であるから）$\boldsymbol{t}$ の回転率 $\Delta \theta$ とほぼ等しい．そこで

$$\kappa = \left| \frac{d\boldsymbol{t}}{ds} \right| = \left| \frac{d^2 \boldsymbol{r}}{ds^2} \right| \tag{7.17}$$

で定義される κ は曲線の曲がり方の指標となる数で曲率という．また，曲率の逆数

$$\rho = \frac{1}{\kappa} \tag{7.18}$$

を曲率半径という（ただし $\kappa = 0$ のときは $\rho = \infty$ とする）．曲率半径を用いれば，単位法線ベクトル (7.16) は

$$\boldsymbol{n} = \frac{1}{\kappa} \frac{d\boldsymbol{t}}{ds} = \frac{1}{\kappa} \frac{d^2 \boldsymbol{r}}{ds^2} = \rho \frac{d\boldsymbol{t}}{ds} = \rho \frac{d^2 \boldsymbol{r}}{ds^2} \tag{7.19}$$

と書ける．

以上をまとめると次のようになる．

$$s = \int_a^t \left| \frac{d\boldsymbol{r}}{dt} \right| dt$$

$$\boldsymbol{t} = \frac{d\boldsymbol{r}}{ds} = \frac{d\boldsymbol{r}}{dt} \bigg/ \frac{ds}{dt}$$

$$n = \frac{d\bm{t}}{ds} \bigg/ \left|\frac{d\bm{t}}{ds}\right| = \frac{1}{\kappa}\frac{d\bm{t}}{ds} = \frac{1}{\kappa}\frac{d^2\bm{r}}{ds^2}$$

$$\kappa = \frac{1}{\rho} = \left|\frac{d\bm{t}}{ds}\right| = \left|\frac{d^2\bm{r}}{ds^2}\right|$$

例題 7.4

曲線 $\bm{r} = a\cos t\bm{i} + a\sin t\bm{j} + bt\bm{k}$ の単位接線ベクトル，単位法線ベクトルおよび曲率を求めよ．

【解】 例題 7.3 より弧長 s と t の間には $s = \sqrt{a^2+b^2}\,t$ の関係がある．したがって，

$$\bm{t} = \frac{d\bm{r}}{ds} = \frac{d\bm{r}}{dt}\bigg/\frac{ds}{dt} = -\frac{a}{\sqrt{a^2+b^2}}\sin t\bm{i} + \frac{a}{\sqrt{a^2+b^2}}\cos t\bm{j} + \frac{b}{\sqrt{a^2+b^2}}\bm{k}$$

$$\kappa\bm{n} = \frac{d\bm{t}}{ds} = \frac{d\bm{t}}{dt}\bigg/\frac{ds}{dt} = -\frac{a}{a^2+b^2}\cos t\bm{i} - \frac{a}{a^2+b^2}\sin t\bm{j}$$

$$\bm{n} = \frac{\kappa\bm{n}}{|\kappa\bm{n}|} = -\cos t\bm{i} - \sin t\bm{j}$$

$$\kappa = |\kappa\bm{n}| = \sqrt{\left(\frac{a}{a^2+b^2}\right)^2\cos^2 t + \left(\frac{a}{a^2+b^2}\right)^2\sin^2 t} = \frac{|a|}{a^2+b^2}$$

◇問 7.4◇　$\bm{r} = t\bm{i} + (t^2/2)\bm{j} + 2t\bm{k}$ の単位接線ベクトルと曲率を求めよ．

7.4 速度と加速度

空間中をある軌道を描きながら運動する質点を考えよう．t を時間として質点の位置をベクトル

$$\bm{r}(t) = x(t)\bm{i} + y(t)\bm{j} + z(t)\bm{k}$$

で表す．このとき速度ベクトル $\bm{v}(t)$ は，位置を時間で微分したものであるから，

$$\bm{v}(t) = \frac{d\bm{r}}{dt} = \frac{d\bm{r}}{ds}\frac{ds}{dt} = \bm{t}\frac{ds}{dt} \tag{7.20}$$

となる．$|\bm{t}| = 1$ であるから，速度の大きさ，すなわち速さ $|\bm{v}| = v$ は

$$v = \frac{ds}{dt} \tag{7.21}$$

と書ける．したがって，速度ベクトルは

$$\boldsymbol{v} = v\boldsymbol{t} \tag{7.22}$$

となる．

　加速度は速度の時間微分で定義されるから上式を時間微分する．ここで注意すべき点は，<u>単位接線ベクトルは定数ベクトルではなく一般に時間の関数で，時間ごとに方向を変える</u> ことである．いいかえれば $\boldsymbol{t}$ の時間微分は 0 でない．実際に微分を実行すれば，加速度ベクトルを $\boldsymbol{a}$ として，積の微分法から

$$\begin{aligned}\boldsymbol{a} &= \frac{dv\boldsymbol{t}}{dt} = \frac{dv}{dt}\boldsymbol{t} + v\frac{d\boldsymbol{t}}{dt} = \frac{dv}{dt}\boldsymbol{t} + v\frac{d\boldsymbol{t}}{ds}\frac{ds}{dt} \\ &= \frac{dv}{dt}\boldsymbol{t} + \frac{v^2}{\rho}\boldsymbol{n}\end{aligned} \tag{7.23}$$

が得られる．ただし，

$$\frac{d\boldsymbol{t}}{ds} = \frac{1}{\rho}\boldsymbol{n}, \quad \frac{ds}{dt} = v$$

を用いた (式 (7.16), (7.20) 参照)．この式は，加速度ベクトルを接線方向の成分 (dv/dt) と法線方向の成分 (v^2/ρ) で表した式である．またこの式から，加速度ベクトルは $\boldsymbol{t}$ と $\boldsymbol{n}$ のつくる平面内にあることがわかる．

7.5 曲　　面

　ある点の位置ベクトルが 2 つの独立変数の関数

$$\boldsymbol{r}(u,v) = x(u,v)\boldsymbol{i} + y(u,v)\boldsymbol{j} + z(u,v)\boldsymbol{k}$$

であるとき，u, v の変化にともない，その点は空間内の曲面を描く．この曲面は v を固定したときにできる曲線群（u 曲線という）と u を固定したときにできる曲線群（v 曲線という）とがつくる曲面になっている．ここで偏微分係数 $\partial \boldsymbol{r}/\partial u$ は u 曲線の接線方向のベクトルであり，$\partial \boldsymbol{r}/\partial v$ は v 曲線の接線方向のベクトルになっている．この 2 つの接線がなす角度が 0 または π でないときには，これらのベクトルは 1 つの平面を指定する．この平面は曲線に接している

ため接平面とよばれる．接平面に垂直で大きさ 1 のベクトルを曲面の法単位ベクトルとよび，$\boldsymbol{n}$ と記すことにする．このとき

$$\boldsymbol{n} = \frac{\partial \boldsymbol{r}}{\partial u} \times \frac{\partial \boldsymbol{r}}{\partial v} \bigg/ \left| \frac{\partial \boldsymbol{r}}{\partial u} \times \frac{\partial \boldsymbol{r}}{\partial v} \right| \tag{7.24}$$

となる*．なぜなら，ベクトル積の定義から，このベクトルは 2 つのベクトルに垂直であり，さらに大きさも 1 であるからである．

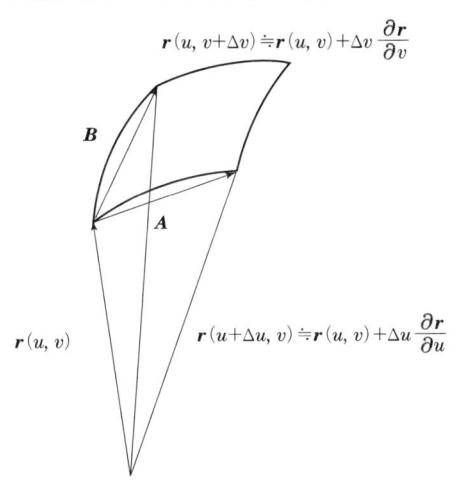

図 7.5 面積素

図 7.5 に示すように u 曲線と v 曲線から構成される微小な平行四辺形の面積 ΔS を求めてみよう．これは，ベクトル積の定義から $|\boldsymbol{A} \times \boldsymbol{B}|$ となり，

$$\boldsymbol{A} \sim \frac{\partial \boldsymbol{r}}{\partial u} du, \quad \boldsymbol{B} \sim \frac{\partial \boldsymbol{r}}{\partial v} dv$$

を代入すれば

$$dS = \left| \frac{\partial \boldsymbol{r}}{\partial u} \times \frac{\partial \boldsymbol{r}}{\partial v} \right| dudv \tag{7.25}$$

となる．これを面積素という．面積素に単位法線方向の向きを付加したものをベクトル面積素とよび，$d\boldsymbol{S}$ で表す．このとき

$$d\boldsymbol{S} = \boldsymbol{n} dS = \frac{\partial \boldsymbol{r}}{\partial u} \times \frac{\partial \boldsymbol{r}}{\partial v} dudv \tag{7.26}$$

---

* 分母は 0 でないとしている．もし 0 ならば 2 つのベクトルのなす角が 0 または π になり平面をつくることはできない．

となる．

曲面上の領域 D の表面積は，この面積素を領域 D で積分すれば求まり

$$D = \int\int_D \left|\frac{\partial \boldsymbol{r}}{\partial u} \times \frac{\partial \boldsymbol{r}}{\partial v}\right| dudv \tag{7.27}$$

となる．

例題 7.5

曲面 $\boldsymbol{r} = \cos u \sin v \boldsymbol{i} + \sin u \sin v \boldsymbol{j} + \cos v \boldsymbol{k}$ $(0 \leq u < 2\pi, 0 \leq v < \pi)$ の単位法線ベクトル，面積素 dS および表面積を求めよ．

【解】

$$\frac{\partial \boldsymbol{r}}{\partial u} = -\sin u \sin v \boldsymbol{i} + \cos u \sin v \boldsymbol{j}$$

$$\frac{\partial \boldsymbol{r}}{\partial v} = \cos u \cos v \boldsymbol{i} + \sin u \cos v \boldsymbol{j} - \sin v \boldsymbol{k}$$

$$\frac{\partial \boldsymbol{r}}{\partial u} \times \frac{\partial \boldsymbol{r}}{\partial v} = \begin{vmatrix} \boldsymbol{i} & \boldsymbol{j} & \boldsymbol{k} \\ -\sin u \sin v & \cos u \sin v & 0 \\ \cos u \cos v & \sin u \cos v & -\sin v \end{vmatrix}$$

$$= -\cos u \sin^2 v \boldsymbol{i} - \sin u \sin^2 v \boldsymbol{j} - \sin v \cos v \boldsymbol{k}$$

したがって，$dS = \left|\dfrac{\partial \boldsymbol{r}}{\partial u} \times \dfrac{\partial \boldsymbol{r}}{\partial v}\right| = \sin v dudv$

表面積は $S = \displaystyle\int_S dS = \int_0^{2\pi} du \int_0^{\pi} \sin v dv = 2\pi \times 2 = 4\pi$

◇**問 7.5**◇ 曲面 $\boldsymbol{r} = u\cos v \boldsymbol{i} + u\sin v \boldsymbol{j} + v^2 \boldsymbol{k}$ の面積素 dS を求めよ．

▷**章末問題**◁

[7.1] $\boldsymbol{A} = t\boldsymbol{i} + 2t^2\boldsymbol{j} - 3t^3\boldsymbol{k}$, $\boldsymbol{B} = \sin t\boldsymbol{i} - \cos t\boldsymbol{j} + t\boldsymbol{k}$ のとき，以下の計算をせよ．

(1) $\dfrac{d}{dt}(\boldsymbol{A} \cdot \boldsymbol{B})$, (2) $\dfrac{d}{dt}(\boldsymbol{A} \times \boldsymbol{B})$, (3) $\dfrac{d|\boldsymbol{B}|^2}{dt}$, (4) $\displaystyle\int \boldsymbol{B} dt$, (5) $\displaystyle\int_1^2 \boldsymbol{A} dt$

[7.2] $\boldsymbol{A}$, $\boldsymbol{B}$ をベクトル関数としたとき，次の公式を証明せよ．

(1) $(\boldsymbol{A} \cdot \boldsymbol{B})' = \boldsymbol{A}' \cdot \boldsymbol{B} + \boldsymbol{A} \cdot \boldsymbol{B}'$, (2) $(\boldsymbol{A} \times \boldsymbol{B})' = \boldsymbol{A}' \times \boldsymbol{B} + \boldsymbol{A} \times \boldsymbol{B}'$,

(3) $\int \boldsymbol{A} \cdot \dfrac{d\boldsymbol{B}}{dt} dt = \boldsymbol{A} \cdot \boldsymbol{B} - \int \dfrac{d\boldsymbol{A}}{dt} \cdot \boldsymbol{B} dt$, (4) $\int \boldsymbol{A} \times \dfrac{d\boldsymbol{B}}{dt} dt = \boldsymbol{A} \times \boldsymbol{B} - \int \dfrac{d\boldsymbol{A}}{dt} \times \boldsymbol{B} dt$

[7.3] $\boldsymbol{A} = \boldsymbol{K} e^{i\omega(t-r/c)}/r$ のとき，$\dfrac{\partial^2 \boldsymbol{A}}{\partial r^2} + \dfrac{2}{r}\dfrac{\partial \boldsymbol{A}}{\partial r} - \dfrac{1}{c^2}\dfrac{\partial^2 \boldsymbol{A}}{\partial t^2}$ を計算せよ．ただし，$\boldsymbol{K}$ は定数ベクトルとする．

[7.4] 平面曲線 $y = f(x)$ の曲率半径は次式で与えられることを示せ．

$$\pm \frac{d^2 y/dx^2}{\left(1 + (dy/dx)^2\right)^{\frac{3}{2}}}$$

[7.5] 曲面 $z = f(x, y)$ の法線単位ベクトル $\boldsymbol{n}$ と面積 S は次式で与えられることを示せ．

(1) $\boldsymbol{n} = \dfrac{-f_x \boldsymbol{i} - f_y \boldsymbol{j} + \boldsymbol{k}}{\sqrt{1 + f_x^2 + f_y^2}}$, (2) $S = \displaystyle\int\!\!\int_S \sqrt{1 + f_x^2 + f_y^2}\, dxdy$

8

スカラー場とベクトル場

　温度や密度などスカラー関数が空間内の場所の関数として，ある領域で定義されているとき，領域や関数をまとめてスカラー場という．同様に，風速や力の分布など，ベクトル関数がある領域で定義されている場合にはベクトル場という．本章ではスカラー場とベクトル場に対して重要な働きをする微分演算について考える．

8.1 方向微分係数

　微分係数とは，1変数 x の関数の場合には，2つの近接点 x, $x + \Delta x$ における関数値の変化を，x の増分 Δx で割った値の極限値であった．一方，2変数以上の場合には，近接した場所といってもいくらでも考えられることから，どの変数に関する微分であるかということを指定して，偏微分係数とよんだ．たとえば3変数の関数 $u(x, y, z)$ に対して，x に関する偏微分係数は

$$\frac{\partial u}{\partial x} = \lim_{\Delta x \to 0} \frac{u(x + \Delta x, y, z) - u(x, y, z)}{\Delta x}$$

で定義された．これは，y, z を固定して考えているため，x 軸に平行な直線上において2つの近接点を考え，この直線に沿って点を近づけたことになる．同様に $\partial u/\partial y$, $\partial u/\partial z$ はそれぞれ，y 軸および z 軸に平行な直線に沿って点を近づけて微分係数を計算している．しかし，前述のとおり近づけ方はいくらでも考えられるため，微分係数はこの3種類に限られるわけではない．そこで，ある点における微分係数を，その点を通る任意の直線 l を考えてその直線に沿って点を近づけることにより，計算することを考える．このような微分係数を直線 l に沿った方向微分係数とよぶ．

　いま，図8.1に示すように微分係数を考える点を P，直線 l 上の近接点を Q,

8.1 方向微分係数

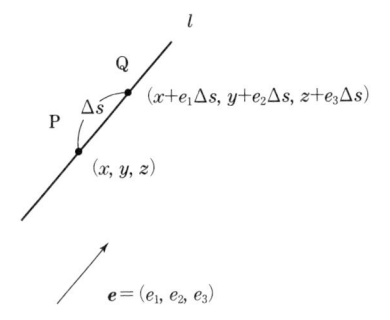

図 8.1 方向微分

PQ 間の距離を Δs とし，また，l に平行な単位ベクトルを $\bm{e} = (e_1, e_2, e_3)$ とする．ベクトル PQ は $\bm{e}\Delta s = (e_1\Delta s, e_2\Delta s, e_3\Delta s)$ と表せるから，P の位置ベクトルを $\bm{r} = (x, y, z)$ としたとき，Q の位置ベクトルは

$$\bm{r} + \bm{e}\Delta s = (x + e_1\Delta s, y + e_2\Delta s, z + e_3\Delta s)$$

となる．したがって，方向微分係数 du/ds は，定義から

$$\frac{du}{ds} = \lim_{\Delta s \to 0} \frac{u(x + e_1\Delta s, y + e_2\Delta s, z + e_3\Delta s) - u(x, y, z)}{\Delta s}$$

となる．多変数のテイラー展開から

$$\begin{aligned}
&u(x + e_1\Delta s, y + e_2\Delta s, z + e_3\Delta s) \\
&= u(x, y, z) + e_1\Delta s \frac{\partial u}{\partial x} + e_2\Delta s \frac{\partial u}{\partial y} + e_3\Delta s \frac{\partial u}{\partial z} + O((\Delta s)^2)
\end{aligned}$$

となり（ただし $O((\Delta s)^2)/\Delta s$ は $\Delta s \to 0$ のとき 0 である），これを定義式に代入して極限をとれば

$$\frac{du}{ds} = e_1 \frac{\partial u}{\partial x} + e_2 \frac{\partial u}{\partial y} + e_3 \frac{\partial u}{\partial z} \tag{8.1}$$

が得られる．

特にこの式の u に x, y, z を順に代入すれば

$$\frac{dx}{ds} = e_1, \quad \frac{dy}{ds} = e_2, \quad \frac{dz}{ds} = e_3$$

となるから，式 (8.1) は

$$\frac{du}{ds} = \frac{\partial u}{\partial x}\frac{dx}{ds} + \frac{\partial u}{\partial y}\frac{dy}{ds} + \frac{\partial u}{\partial z}\frac{dz}{ds} \tag{8.2}$$

と書くこともできる．

8.2 勾　　配

式 (8.1)，(8.2) は

$$\begin{aligned}\frac{du}{ds} &= \left(\frac{\partial u}{\partial x}\boldsymbol{i} + \frac{\partial u}{\partial y}\boldsymbol{j} + \frac{\partial u}{\partial z}\boldsymbol{k}\right) \cdot (e_1\boldsymbol{i} + e_2\boldsymbol{j} + e_3\boldsymbol{k}) \\ &= \left(\frac{\partial u}{\partial x}\boldsymbol{i} + \frac{\partial u}{\partial y}\boldsymbol{j} + \frac{\partial u}{\partial z}\boldsymbol{k}\right) \cdot \left(\frac{dx}{ds}\boldsymbol{i} + \frac{dy}{ds}\boldsymbol{j} + \frac{dz}{ds}\boldsymbol{k}\right)\end{aligned}$$

となる．ここで内積のはじめの部分を，関数 $u(x,y,z)$ の勾配（gradient）とよび，grad u と表す．すなわち

$$\mathrm{grad}\, u \equiv \frac{\partial u}{\partial x}\boldsymbol{i} + \frac{\partial u}{\partial y}\boldsymbol{j} + \frac{\partial u}{\partial z}\boldsymbol{k} \tag{8.3}$$

勾配はスカラー関数からつくられるベクトルである．ここで記号 ∇ を

$$\nabla \equiv \boldsymbol{i}\frac{\partial}{\partial x} + \boldsymbol{j}\frac{\partial}{\partial y} + \boldsymbol{k}\frac{\partial}{\partial z} \tag{8.4}$$

で定義する*．この記号は，それだけでは意味がなく，関数に作用させて新たな関数をつくるものであり，演算子とよばれる．この記号を用いれば関数 u の勾配は

$$\mathrm{grad}\, u = \nabla u \tag{8.5}$$

となり，方向微分係数は

$$\frac{du}{ds} = \nabla u \cdot \frac{d\boldsymbol{r}}{ds} = \nabla u \cdot \boldsymbol{e} \tag{8.6}$$

---

* ∇ はナブラと読む．

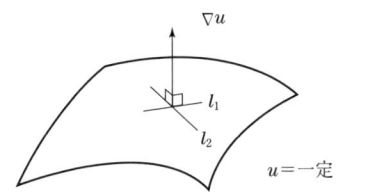

図 8.2 勾 配

と書くことができる．

次に勾配の幾何学的な意味を考えてみよう．いま図 8.2 に示すように $u = $ 一定という面を考える．このような面を等値面という．等値面上に任意の曲線を考えて，その接線方向の方向微分を考えると，この面で $u = $ 一定であるから，方向微分も 0，すなわち

$$\frac{du}{ds} = \nabla u \cdot \frac{d\boldsymbol{r}}{ds} = 0 \tag{8.7}$$

となる．ここで，$d\boldsymbol{r}/ds$ は接線方向のベクトルであるから，∇u はこの接線に垂直である．このことは，$u = $ 一定の面内すべての曲線について成り立つから，結局，∇u は $u = $ 一定の曲面に垂直なベクトル，すなわち法線ベクトルであることがわかる．したがって，

$$\boldsymbol{n} = \frac{\nabla u}{|\nabla u|} \tag{8.8}$$

は $u = $ 一定の曲面の単位法線ベクトルになる．

空間内に 1 点 P を考え，点 P を通る任意の直線 l の方向への u 方向微分は

$$\frac{du}{ds} = \nabla u \cdot \boldsymbol{e} = |\nabla u||\boldsymbol{e}|\cos\theta = |\nabla u|\cos\theta \tag{8.9}$$

となる．ただし，$\boldsymbol{e}$ は l 方向の単位ベクトルである．ここで l の方向を変化させたとき，$\theta = 0$ の場合に du/ds は最大値 $|\nabla u|$ をとる．いいかえれば，∇u は u の変化が最大になる方向を向いている．

例題 8.1

$\boldsymbol{r} = x\boldsymbol{i} + y\boldsymbol{j} + z\boldsymbol{k}$, $r = |\boldsymbol{r}|$ のとき次の計算をせよ．

(1) $\nabla(\log r)$ $(r \neq 0)$, (2) $\nabla\left(\dfrac{1}{r}\right)$ $(r \neq 0)$, (3) ∇r^3

【解】 (8.5 節公式 (4) 参照)
$$\nabla r = \nabla\sqrt{x^2+y^2+z^2} = \frac{1}{\sqrt{x^2+y^2+z^2}}(x\boldsymbol{i}+y\boldsymbol{j}+z\boldsymbol{k}) = \frac{\boldsymbol{r}}{r} \text{ より,}$$

(1) $\nabla(\log r) = \dfrac{d\log r}{dr}\nabla r = \dfrac{1}{r}\cdot\dfrac{\boldsymbol{r}}{r} = \dfrac{\boldsymbol{r}}{r^2}$

(2) $\nabla\left(\dfrac{1}{r}\right) = \dfrac{d}{dr}\left(\dfrac{1}{r}\right)\nabla r = -\dfrac{1}{r^2}\dfrac{\boldsymbol{r}}{r} = -\dfrac{\boldsymbol{r}}{r^3}$

(3) $\nabla r^3 = \dfrac{dr^3}{dr}\nabla r = 3r^2\dfrac{\boldsymbol{r}}{r} = 3r\boldsymbol{r}$

◇**問 8.1**◇　$\varphi = xyz + 2xz^2$ について，次の値を求めよ．

(1) $\nabla\varphi$，(2) 点 $(1,-1,2)$ における，$\boldsymbol{u} = \dfrac{2}{3}\boldsymbol{i} - \dfrac{1}{3}\boldsymbol{j} - \dfrac{2}{3}\boldsymbol{k}$ 方向の方向微分係数

8.3 発　散

勾配はスカラー関数からベクトル関数をつくる演算であったが，今度はベクトル関数からスカラー関数をつくる演算を定義する．いま，ベクトル関数 $\boldsymbol{A}(x,y,z)$ が成分表示で

$$\boldsymbol{A}(x,y,z) = A_1(x,y,z)\boldsymbol{i} + A_2(x,y,z)\boldsymbol{j} + A_3(x,y,z)\boldsymbol{k} \tag{8.10}$$

となったとする．このとき，ベクトル関数の発散 (divergence) という演算 div $\boldsymbol{A}$ を次式で定義する．

$$\text{div}\,\boldsymbol{A} \equiv \frac{\partial A_1}{\partial x} + \frac{\partial A_2}{\partial y} + \frac{\partial A_3}{\partial z} \tag{8.11}$$

すなわち，$\boldsymbol{A}$ の x 成分を x で微分し，y 成分を y で微分し，z 成分を z で微分してそれぞれを足し合わせる．この演算は前節で定義したナブラ演算子を用いて，形式的にスカラー積の形に表示することができる (式 (8.12))．

$$\text{div}\,\boldsymbol{A} = \nabla\cdot\boldsymbol{A} \tag{8.12}$$

8.3 発 散

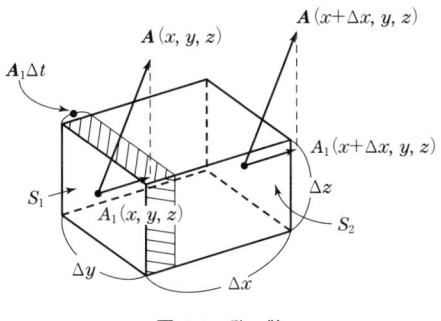

図 8.3 発 散

　発散の意味は $\boldsymbol{A}$ を流体の速度ベクトルとみなすとわかりやすい．いま，x-y-z 面に各座標軸に平行な辺をもった微小直方体を考える．このとき，図 8.3 の面 S_1 を通って Δt 時間に流入する流体の体積は，$\boldsymbol{A}_1 \Delta t$ が x 方向の長さであるから

$$A_1(x,y,z)\Delta t \Delta y \Delta z$$

となる．なぜなら流速の y 方向と z 方向成分は面に平行であるため，流入には関係しないからである．一方，面 S_2 を通って流出する体積は

$$A_1(x+\Delta x, y, z)\Delta t \Delta y \Delta z \sim \left(A_1(x,y,z) + \frac{\partial A_1}{\partial x}\right)\Delta x \Delta y \Delta z \Delta t$$

となる．したがって，x 軸に垂直な面を通して流出する正味の体積は

$$\frac{\partial A_1}{\partial x}\Delta x \Delta y \Delta z \Delta t$$

となる．同様に y 軸に垂直な面および z 軸に垂直な面を通して流出する体積は，それぞれ

$$\frac{\partial A_2}{\partial y}\Delta x \Delta y \Delta z \Delta t, \quad \frac{\partial A_3}{\partial z}\Delta x \Delta y \Delta z \Delta t$$

となる．一方，これらを足し合わせると

$$\mathrm{div}\boldsymbol{A}\,\Delta V \Delta t$$

となる．ここで $\Delta V = \Delta x \Delta y \Delta z$ は微小直方体の体積である．したがって，<u>$\mathrm{div}\boldsymbol{A}$ は単位時間，単位体積あたりの流体に対する体積の減少（流出）の割合</u>を示す．

例題 8.2

$r = xi + yj + zk$, $r = |r|$ のとき, 次の計算をせよ.

(1) $\nabla \cdot r$　$(r \neq 0)$,　(2) $\nabla \cdot \left(\dfrac{r}{r}\right)$　$(r \neq 0)$,　(3) $\nabla^2 \left(\dfrac{1}{r}\right)$　$(r \neq 0)$

【解】　(1) $\nabla \cdot r = \nabla \cdot (xi + yj + zk) = 3$

(2) $\nabla \cdot \left(\dfrac{r}{r}\right) = \nabla \left(\dfrac{1}{r}\right) \cdot r + \dfrac{1}{r} \nabla \cdot r = -\dfrac{r}{r^3} \cdot r + \dfrac{3}{r} = \dfrac{2}{r}$ (8.5 節公式 (4),(5))

(3) $\nabla^2 \left(\dfrac{1}{r}\right) = \nabla \cdot \left(\nabla \dfrac{1}{r}\right) = \nabla \cdot \left(-\dfrac{r}{r^3}\right) = -\left(\nabla \dfrac{1}{r^3}\right) \cdot r - \dfrac{1}{r^3} \nabla \cdot r$
$= \dfrac{3r}{r^5} \cdot r - \dfrac{1}{r^3} \cdot 3 = 0$

◇**問 8.2**◇　$A = xzi - 2y^2z^2j + xy^2zk$ に対して, $\nabla \cdot A$ および $\nabla(\nabla \cdot A)$ を求めよ.

8.4 回　転

発散はナブラ演算子とベクトル関数のスカラー積であった. 次にナブラ演算子とベクトル関数 $A = (A_1, A_2, A_3)$ のベクトル積で新しい演算を定義しよう. この演算を回転 (rotation) とよび, $\mathrm{rot}\, A$ と表すことにすれば

$$\mathrm{rot}\, A \equiv \nabla \times A = \left(\dfrac{\partial A_3}{\partial y} - \dfrac{\partial A_2}{\partial z}\right) i + \left(\dfrac{\partial A_1}{\partial z} - \dfrac{\partial A_3}{\partial x}\right) j + \left(\dfrac{\partial A_2}{\partial x} - \dfrac{\partial A_1}{\partial y}\right) k \tag{8.13}$$

または

$$\nabla \times A = \begin{vmatrix} i & j & k \\ \dfrac{\partial}{\partial x} & \dfrac{\partial}{\partial y} & \dfrac{\partial}{\partial z} \\ A_1 & A_2 & A_3 \end{vmatrix} \tag{8.14}$$

と書くことができる.

次に, z 軸まわりを各速度 ω で回転している物体を考える. この物体上の点

8.4 回　　転

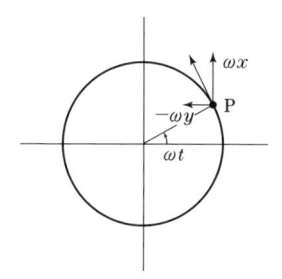

図 8.4 回　転

P での速度 $\bm{V}$ の成分 (u, v, w) は

$$u = -\omega y, \quad v = \omega x, \quad w = 0$$

となる*. そこで，この速度を用いて回転を計算すれば

$$\nabla \times \bm{V} = 2\omega \bm{k}$$

となり，z 方向を向いた角速度が 2ω のベクトルになることがわかる．一般に，一定の角速度 ω である軸のまわりをまわっている物体の回転は，その軸方向に大きさ 2ω をもったベクトルになる．

> **例題 8.3**
> $\bm{r} = x\bm{i} + y\bm{j} + z\bm{k}, \quad r = |\bm{r}|$ のとき次の計算をせよ．
> (1) $\nabla \times \bm{r}$,　(2) $\nabla \times (r^2 \bm{r})$
> 【解】　(1) $\nabla \times \bm{r} = \begin{vmatrix} \bm{i} & \bm{j} & \bm{k} \\ \frac{\partial}{\partial x} & \frac{\partial}{\partial y} & \frac{\partial}{\partial z} \\ x & y & z \end{vmatrix} = 0$
> (2) $\nabla \times (r^2 \bm{r}) = (\nabla r^2) \times \bm{r} + r^2 \nabla \times \bm{r} = \dfrac{dr^2}{dr} \nabla r \times \bm{r} = 2r \left(\dfrac{\bm{r}}{r} \right) \times \bm{r} = 0$
> (8.5 節公式 (4), (9))

◇問 8.3◇　$\bm{A} = xz^3 \bm{i} + 2xyz\bm{j} + 2yz^3 \bm{k}$ に対して，$\nabla \times \bm{A}$ および $\nabla \times (\nabla \times \bm{A})$ を求めよ．

---

* 円の半径を a とし，2 次元で考えると $(x, y) = (a\cos\omega t, a\sin\omega t)$ であるから $u = dx dt = -\omega a \sin \omega t = -\omega y$, $v = dy/dt = \omega a \cos \omega t = \omega x$.

8.5 ナブラを含んだ演算

ナブラを含んだ演算にはいろいろな関係式があるが，本節ではその中のいくつかを列挙する．

---

(1) $\nabla(f+g) = \nabla f + \nabla g$, (2) $\nabla(fg) = f\nabla g + g\nabla f$

(3) $\nabla\left(\dfrac{f}{g}\right) = \dfrac{g\nabla f - f\nabla g}{g^2}$, (4) $\nabla g(f) = \dfrac{dg}{df}\nabla f$, (5) $\nabla^2 f = \mathrm{div}(\mathrm{grad}\, f)$

(6) $\nabla \cdot (\boldsymbol{A} + \boldsymbol{B}) = \nabla \cdot \boldsymbol{A} + \nabla \cdot \boldsymbol{B}$, (7) $\nabla \cdot (f\boldsymbol{A}) = f\nabla \cdot \boldsymbol{A} + (\nabla f) \cdot \boldsymbol{A}$

(8) $\nabla \times (\boldsymbol{A} + \boldsymbol{B}) = \nabla \times \boldsymbol{A} + \nabla \times \boldsymbol{B}$, (9) $\nabla \times (f\boldsymbol{A}) = f\nabla \times \boldsymbol{A} + (\nabla f) \times \boldsymbol{A}$

(10) $\nabla \cdot (\boldsymbol{A} \times \boldsymbol{B}) = \boldsymbol{B} \cdot (\nabla \times \boldsymbol{A}) - \boldsymbol{A} \cdot (\nabla \times \boldsymbol{B})$

(11) $\nabla \times (\nabla \times \boldsymbol{A}) = \nabla(\nabla \cdot \boldsymbol{A}) - \nabla^2 \boldsymbol{A}$

(12) $\nabla \times (\boldsymbol{A} \times \boldsymbol{B}) = (\boldsymbol{B} \cdot \nabla)\boldsymbol{A} - (\boldsymbol{A} \cdot \nabla)\boldsymbol{B} + (\nabla \cdot \boldsymbol{B})\boldsymbol{A} - (\nabla \cdot \boldsymbol{A})\boldsymbol{B}$

(13) $\nabla \times (\nabla f) = 0$, (14) $\nabla \cdot (\nabla \times \boldsymbol{A}) = 0$

例題 8.4

次の恒等式を証明せよ．

(1) $\nabla \times (\nabla f) = 0$, (2) $\nabla \cdot (\nabla \times \boldsymbol{A}) = 0$

【解】 (1) $\nabla \times (\nabla f) = \begin{vmatrix} \boldsymbol{i} & \boldsymbol{j} & \boldsymbol{k} \\ \dfrac{\partial}{\partial x} & \dfrac{\partial}{\partial y} & \dfrac{\partial}{\partial z} \\ \dfrac{\partial f}{\partial x} & \dfrac{\partial f}{\partial y} & \dfrac{\partial f}{\partial z} \end{vmatrix}$

$= \left(\dfrac{\partial^2 f}{\partial y \partial z} - \dfrac{\partial^2 f}{\partial z \partial y}\right)\boldsymbol{i} + \left(\dfrac{\partial^2 f}{\partial z \partial x} - \dfrac{\partial^2 f}{\partial x \partial z}\right)\boldsymbol{j} + \left(\dfrac{\partial^2 f}{\partial x \partial y} - \dfrac{\partial^2 f}{\partial y \partial x}\right)\boldsymbol{k} = 0$

(2) $\nabla \cdot (\nabla \times \boldsymbol{A}) = \dfrac{\partial}{\partial x}\left(\dfrac{\partial A_y}{\partial z} - \dfrac{\partial A_z}{\partial y}\right) + \dfrac{\partial}{\partial y}\left(\dfrac{\partial A_z}{\partial x} - \dfrac{\partial A_x}{\partial z}\right)$

$\qquad + \dfrac{\partial}{\partial z}\left(\dfrac{\partial A_x}{\partial y} - \dfrac{\partial A_y}{\partial x}\right) = 0$

8.6 線　積　分

3.1 節で述べた積分は，1 変数の関数に対する，いわば x 軸に沿った積分と考えることができる．本節では多変数のスカラー関数 $f(x,y,z)$ やベクトル関数 $\boldsymbol{A}(x,y,z)$ に対して空間上の曲線 C に沿った積分を定義しよう．

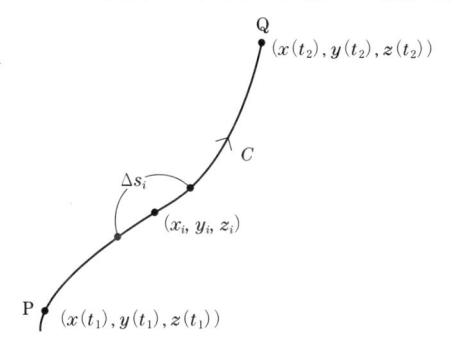

図 8.5　線積分

はじめに，スカラー関数について考えよう．空間曲線 C 上の点がパラメータ t を用いて

$$(x(t), y(t), z(t))$$

で表されているとする（t の変化に従い，この点は曲線上を動く）．図 8.5 に示すように曲線上に 2 点 P, Q を考え，点 P が $t = t_1$ に対応し，点 Q が $t = t_2$ に対応するとする．この曲線を n 個の小さな曲線に分割する．分割の仕方は任意であるが，$n \to \infty$ のとき，すべての小曲線の弧長 Δs_i は 0 になるものとする．さらに i 番目の弧の上にある任意の点の座標を，(x_i, y_i, z_i) とする．このとき，以下の和をつくる．

$$\sum_{i=1}^{n} f(x_i, y_i, z_i) \Delta s_i$$

$n \to \infty$ においてこの和が一定値に収束すれば，これを関数 f の曲線 C に沿った線積分とよび，

$$I = \int_C f(x,y,z) ds = \int_P^Q f(x,y,z) ds \tag{8.15}$$

などと記す．ここで，ds は微小な弧の長さであるから，

$$ds = \sqrt{(dx)^2 + (dy)^2 + (dz)^2} = \sqrt{\left(\frac{dx}{dt}\right)^2 + \left(\frac{dy}{dt}\right)^2 + \left(\frac{dz}{dt}\right)^2} dt \quad (8.16)$$

となる (7.3 節)．したがって，線積分は

$$I = \int_{t_1}^{t_2} f(x(t), y(t), z(t)) \sqrt{\left(\frac{dx}{dt}\right)^2 + \left(\frac{dy}{dt}\right)^2 + \left(\frac{dz}{dt}\right)^2} dt \quad (8.17)$$

と表すことができる．なお，$f(x, y, z) = 1$ のときは，定義式より，曲線 C の点 P から点 Q までの長さになる．

線積分の定義から，以下の各式が成り立つ．

$$\begin{cases} \displaystyle\int_C f ds = -\int_{-C} f ds \\ \displaystyle\int_P^Q f ds = \int_P^A f ds + \int_A^Q f ds \\ \left|\displaystyle\int_C f ds\right| \leq \int_C |f||ds| \end{cases} \quad (8.18)$$

ただし，$-C$ は C を逆向きにたどる積分路とする．

次にベクトル関数の線積分を考えよう．このとき，いろいろな線積分が考えられるが，応用上重要なものにベクトル関数と曲線 C の単位接線ベクトルの内積をとって，結果として得られるスカラー関数に，上と同様な線積分を行うというものがある．ベクトル関数を

$$\boldsymbol{A}(x, y, z) = A_1(x, y, z)\boldsymbol{i} + A_2(x, y, z)\boldsymbol{j} + A_3(x, y, z)\boldsymbol{k}$$

と記せば，単位接線ベクトルは

$$\boldsymbol{t} = \frac{d\boldsymbol{r}}{ds} = \frac{dx}{ds}\boldsymbol{i} + \frac{dy}{ds}\boldsymbol{j} + \frac{dz}{ds}\boldsymbol{k} \quad (8.19)$$

であるから，

$$\boldsymbol{A} \cdot \boldsymbol{t} = A_1 \frac{dx}{ds} + A_2 \frac{dy}{ds} + A_3 \frac{dz}{ds} \quad (8.20)$$

となる．したがって，

$$I = \int_C \boldsymbol{A} \cdot \boldsymbol{t} ds = \int_C \left(A_1 \frac{dx}{ds} + A_2 \frac{dy}{ds} + A_3 \frac{dz}{ds}\right) ds$$

$$= \int_C (A_1 dx + A_2 dy + A_3 dz) \tag{8.21}$$

である．

例題 8.5

任意の閉曲線 C に沿って次式が成り立つことを示せ．

$$\int_C \nabla f \cdot d\boldsymbol{r} = 0$$

【解】

$$\int_C \nabla f \cdot d\boldsymbol{r} = \int_C \left(\frac{\partial f}{\partial x} \boldsymbol{i} + \frac{\partial f}{\partial y} \boldsymbol{j} + \frac{\partial f}{\partial z} \boldsymbol{k} \right) \cdot (\boldsymbol{i} dx + \boldsymbol{j} dy + \boldsymbol{k} dz)$$

$$= \int_C \left(\frac{\partial f}{\partial x} dx + \frac{\partial f}{\partial y} dy + \frac{\partial f}{\partial z} dz \right) = \int_C df = [f]_C$$

最後の項は C が閉曲線なので同じ点における関数の差となり，0 である．

◇**問 8.4**◇ $\boldsymbol{A} = (x^2 + y)\boldsymbol{i} - 2yz\boldsymbol{j} + 3xz^2\boldsymbol{k}$, $\boldsymbol{r} = t\boldsymbol{i} + t^2\boldsymbol{j} + t^3\boldsymbol{k} (0 \leq t \leq 1)$ のとき，$\int_C \boldsymbol{A} \cdot d\boldsymbol{r}$ を求めよ（ただし C は $\boldsymbol{r}$ が描く曲線）．

8.7 面積分と体積積分

空間内に曲面 S を考える．この曲面を n 個の微小な領域に分割し，それぞれの領域に番号 $(1, 2, \cdots, n)$ をつける．そして，i 番目の微小曲面の面積を ΔS_i とし，またこの曲面上の任意の1点 P の座標を (x_i, y_i, z_i) とする（図 8.6）．このとき，3変数の関数 $f(x, y, z)$ に対して，次の和を計算する．

$$\sum_{i=1}^{n} f(x_i, y_i, z_i) \Delta S_i$$

各小領域の面積が $n \to \infty$ のとき，すべて 0 になるような分割をとって，上式が $n \to \infty$ のとき一定値に収束したとする．この収束値を関数 f の面積分とよび，次の記号で表す．

$$\int_S f(x, y, z) dS = \lim_{n \to \infty} \sum_{i=1}^{n} f(x_i, y_i, z_i) \Delta S_i \tag{8.22}$$

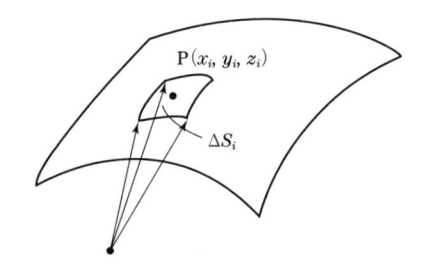

図 8.6　面積分

空間上の曲面は 2 つのパラメータ u, v で指定され，

$$r(u,v) = x(u,v)i + y(u,v)j + z(u,v)k \tag{8.23}$$

となる．このとき，図 7.5 に示したように，微小面の面積は

$$\Delta S_i = |(r(u_i + \Delta u_i, v_i) - r(u_i, v_i)) \times (r(u_i, v_i + \Delta v_i) - r(u_i, v_i))|$$
$$\sim \left|\frac{\partial r}{\partial u} \times \frac{\partial r}{\partial v}\right| \Delta u_i \Delta v_i \tag{8.24}$$

となるが，このことは面積分が

$$\int_S f(x,y,z)dS = \int\int_D f(x(u,v), y(u,v), z(u,v)) \left|\frac{\partial r}{\partial u} \times \frac{\partial r}{\partial v}\right| dudv \tag{8.25}$$

と表せることを意味している．ただし，D は曲面 S に対応して u, v のつくる領域である．

なお，面積分で特に $f = 1$ の場合には，定義から積分値は曲面の面積を表す．

線積分と同様にベクトル関数

$$A(x, y, z) = A_1(x, y, z)i + A_2(x, y, z)j + A_3(x, y, z)k$$

に対して，いろいろな面積分が考えられる．その中でよく使われるものに，ベクトル関数 A と曲面 S の外向き単位法線ベクトル n のスカラー積をとって，スカラー関数にして，上に述べた面積分を行うものがある．すなわち，

$$\int_S A \cdot n dS = \int_S A \cdot dS \tag{8.26}$$

として，ふつうこれをベクトル関数の面積分という．ただし $dS = ndS$ はベクトル面積素とよばれ，大きさが dS で向きが外向き法線ベクトルと一致するようなベクトルとして定義される．ベクトル面積素は曲面がパラメータ u, v で表

されているとき，次のようになる．

$$dS = \frac{\partial r}{\partial u} \times \frac{\partial r}{\partial v} du dv \tag{8.27}$$

スカラー関数の体積積分も面積分と同様に定義できる．すなわち，空間内に体積をもった領域 V と V 内で定義された3変数のスカラー関数 $f(x, y, z)$ があるとき，領域 V における関数 f の体積積分は以下のように定義される．

まず領域 V を微小な n 個の小領域に分割し，i 番目の小領域の体積を ΔV_i とする．そしてその小領域内の任意の1点を (x_i, y_i, z_i) として，和

$$\sum_{i=1}^{n} f(x_i, y_i, z_i) \Delta V_i$$

を計算する．いま，$n \to \infty$ のとき，すべての小領域の体積が0になるような分割を行ったとき，上式の極限値が分割の仕方によらず一定値に収束する場合，その値を関数 f の領域 V での体積積分といい，次式で表す．

$$\int_V f(x, y, z) dV = \lim_{n \to \infty} \sum_{i=1}^{n} f(x_i, y_i, z_i) \Delta V_i \tag{8.28}$$

特に，微小領域として，辺の長さが Δx_i，Δy_i，Δz_i の直方体をとれば，$\Delta V_i = \Delta x_i \Delta y_i \Delta z_i$ であるから，体積積分は次式のように表せる．

$$\int_V f(x, y, z) dV = \int\int\int_V f(x, y, z) dx dy dz \tag{8.29}$$

例題 8.6

原点を中心とし，任意の半径をもつ球面を S とする．球面上の点の位置ベクトルを r とすれば次式が成り立つことを示せ．

$$\int_S \frac{r}{|r|^3} \cdot dS = 4\pi$$

【解】 球の半径を a，球面の単位法線ベクトルを n とすれば，$r = an$，$|r| = a$ となる．したがって，

$$\int_S \frac{r}{r^3} \cdot dS = \int_S \frac{an}{a^3} \cdot n dS = \frac{1}{a^2} \int dS = \frac{4\pi a^2}{a^2} = 4\pi$$

8.8 積分定理

前節で定義した線積分，面積分，体積積分は互いに無関係ではなく，体積積分を面積分になおしたり，線積分を面積分で表したりといったようにお互い関連づけることができる．このような関係を積分定理という．本節ではいくつかの積分定理を導く．

(a) グリーンの定理

平面内の閉曲線 C（閉じた曲線）で囲まれた領域 S およびその領域で定義された関数 $f(x,y)$ に対して，次の公式が成り立つ．

$$\iint_S \frac{\partial f}{\partial x} dx dy = \int_C f dy \tag{8.30}$$

$$\iint_S \frac{\partial f}{\partial y} dx dy = -\int_C f dx \tag{8.31}$$

証明は以下のようにする．図 8.7 に示すような記号をつける．ただし，領域 S はとりあえず凸であるとする．このとき曲線の下半分が $y = y_1(x)$，上半分が $y = y_2(x)$ であるとすれば，式 (8.31) について

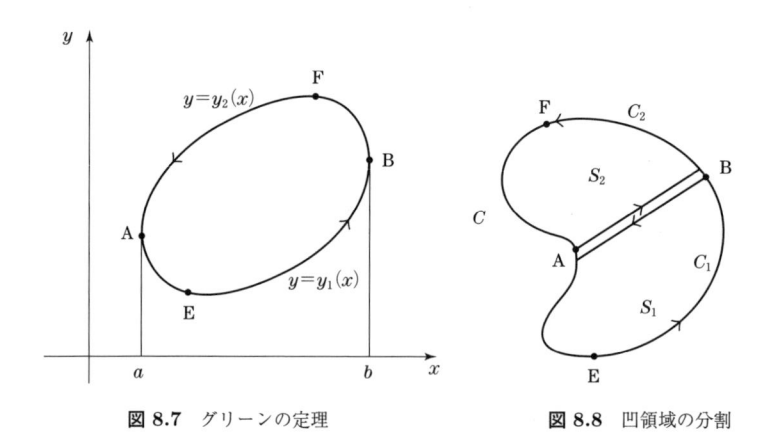

図 8.7 グリーンの定理

図 8.8 凹領域の分割

8.8 積分定理

$$\iint_S \frac{\partial f}{\partial y} dxdy = \int_a^b \left(\int_{y_1(x)}^{y_2(x)} \frac{\partial f}{\partial y} dy \right) dx = \int_a^b [f(x,y)]_{y_1(x)}^{y_2(x)} dx$$
$$= \int_a^b f(x, y_2(x))dx - \int_a^b f(x, y_1(x))dx$$

となる．ここで，線積分の定義から

$$\int_a^b f(x, y_2(x))dx = \int_{\widehat{\mathrm{AFB}}} fdx = -\int_{\widehat{\mathrm{BFA}}} fdx$$
$$\int_a^b f(x, y_1(x))dx = \int_{\widehat{\mathrm{AEB}}} fdx$$

となる．したがって

$$\iint_S \frac{\partial f}{\partial y} dxdy = -\int_{\widehat{\mathrm{BFA}}} fdx - \int_{\widehat{\mathrm{AEB}}} fdx = -\int_C fdx$$

となり，式 (8.31) が得られる．なお，領域が凹んでいる場合には領域をいくつかの凸の部分に分ける．たとえば図 8.8 において

$$\iint_S fdxdy = \iint_{S_1} fdxdy + \iint_{S_2} fdxdy = -\int_{C_1} fdx - \int_{C_2} fdx$$
$$= -\int_{\widehat{\mathrm{AEB}}} fdx - \int_{\overline{\mathrm{BA}}} fdx - \int_{\overline{\mathrm{AB}}} fdx - \int_{\widehat{\mathrm{BFA}}} fdx$$

となる．一方，

$$-\int_{\overline{\mathrm{BA}}} fdx - \int_{\overline{\mathrm{AB}}} fdx = 0$$
$$-\int_{\widehat{\mathrm{AEB}}} fdx - \int_{\widehat{\mathrm{BFA}}} fdx = -\int_C fdx$$

であるから，この場合も式 (8.31) が成り立つ．

式 (8.30) も同様にして導くことができる．

式 (8.31) において $f = -g$ とおいて式 (8.30) と式 (8.31) を加えれば

$$\int_C (gdx + fdy) = \iint_S \left(\frac{\partial f}{\partial x} - \frac{\partial g}{\partial y} \right) dxdy \qquad (8.32)$$

となる．この公式をグリーン (Green) の定理という．

式 (8.30), (8.31) は次のようにも書き換えられる．

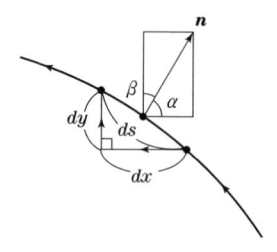

図 8.9 法線ベクトル

$$\iint_S \frac{\partial f}{\partial x} dxdy = \int_C f\cos\alpha\, ds$$

$$\iint_S \frac{\partial f}{\partial y} dxdy = \int_C f\cos\beta\, ds \tag{8.33}$$

ここで，α, β は曲線 C の外向き法線ベクトルが x 軸および y 軸となす角度である．なぜなら，図 8.9 において

$$dy = \cos\alpha\, ds, \quad dx = -\cos\beta\, ds$$

が成り立つからである．これらの式は 3 次元に拡張できて

$$\begin{cases} \iiint_V \dfrac{\partial f}{\partial x} dxdydz = \displaystyle\int_S f\cos\alpha\, dS \\ \iiint_V \dfrac{\partial f}{\partial y} dxdydz = \displaystyle\int_S f\cos\beta\, dS \\ \iiint_V \dfrac{\partial f}{\partial z} dxdydz = \displaystyle\int_S f\cos\gamma\, dS \end{cases} \tag{8.34}$$

となる．ただし，S は領域 V を取り囲む閉曲面，α, β, γ は S の外向き法線ベクトルがそれぞれ x, y, z 軸となす角度である．したがって，$(\cos\alpha, \cos\beta, \cos\gamma)$ は外向き単位法線ベクトル $\boldsymbol{n}$ になる．

(b) ガウスの定理

以下の定理はガウス (Gauss) の定理または発散定理とよばれ，応用上，重要な定理である．

ベクトル場 $\boldsymbol{A}$ 内において，ある有界な領域 V をとる．V の境界面を S とし，S の外向き単位法線ベクトルを $\boldsymbol{n}$ とすれば次式が成り立つ．

$$\int_V \nabla \cdot \boldsymbol{A} dV = \int_S \boldsymbol{A} \cdot \boldsymbol{n} dS \tag{8.35}$$

なぜなら，

$$\boldsymbol{A} = A_1(x,y,z)\boldsymbol{i} + A_2(x,y,z)\boldsymbol{j} + A_3(x,y,z)\boldsymbol{k}$$

であるから，式 (8.34) の f に上から順に $f = A_1$，$f = A_2$，$f = A_3$ を代入して加え合わせれば

$$\int_V \left(\frac{\partial A_1}{\partial x} + \frac{\partial A_2}{\partial y} + \frac{\partial A_3}{\partial z} \right) dV = \int_S (A_1 \cos \alpha + A_2 \cos \beta + A_3 \cos \gamma) dS$$

となる．一方，面 S の単位法線ベクトルは

$$\boldsymbol{n} = \boldsymbol{i} \cos \alpha + \boldsymbol{j} \cos \beta + \boldsymbol{k} \cos \gamma$$

であるため，上の積分の右辺の被積分関数は $\boldsymbol{A} \cdot \boldsymbol{n}$ となるからである．

例題 8.7

任意の閉曲面 S について次式が成り立つことを示せ．

$$\int_V \frac{1}{r^2} dV = \int_S \frac{\boldsymbol{r} \cdot \boldsymbol{n}}{r^2} dS \quad (\boldsymbol{r} = x\boldsymbol{i} + y\boldsymbol{j} + z\boldsymbol{k})$$

ただし，V は S を境界としてもつ領域である．

【解】 $\nabla \cdot \left(\dfrac{\boldsymbol{r}}{r^2} \right) = \left(\nabla \dfrac{1}{r^2} \right) \cdot \boldsymbol{r} + \dfrac{1}{r^2} \nabla \cdot \boldsymbol{r} = -\dfrac{2}{r^3} \dfrac{\boldsymbol{r}}{r} \cdot \boldsymbol{r} + \dfrac{3}{r^2} = \dfrac{1}{r^2}$

したがって，ガウスの定理から

$$\int_V \frac{1}{r^2} dV = \int_V \left(\nabla \cdot \frac{\boldsymbol{r}}{r^2} \right) dV = \int_S \frac{\boldsymbol{r}}{r^2} \cdot \boldsymbol{n} dS$$

(c) ストークスの定理

はじめに次の定理が成り立つことを示す．

$$\int_S \left(\frac{\partial f}{\partial z} \cos \beta - \frac{\partial f}{\partial z} \cos \gamma \right) dS = \int_C f dx \tag{8.36}$$

ここで，S は閉曲線 C を境界にもつ空間内の曲面で，その曲面の単位法線ベクトルを今までと同様に

$$\boldsymbol{n} = \boldsymbol{i}\cos\alpha + \boldsymbol{j}\cos\beta + \boldsymbol{k}\cos\gamma \tag{8.37}$$

とする．ただし曲線 C と法線の向きは図 8.10 に示すようにとる．

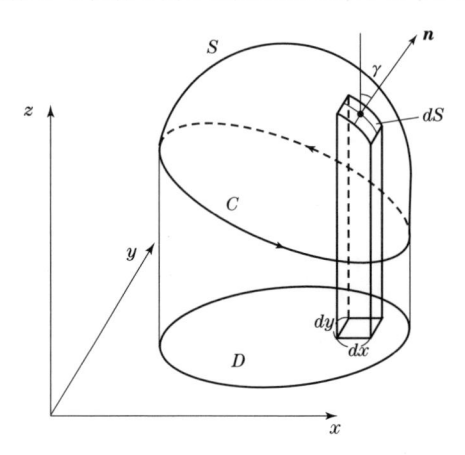

図 8.10 ストークスの定理

証明は以下のようにする．曲面 S の方程式を

$$z = g(x,y) \quad \text{または} \quad \varphi(x,y,z) = z - g(x,y) = 0$$

とする．また S を x-y 面への正射影した領域を D とする．このとき，曲面 S の各点において，ベクトル

$$\nabla\varphi = -g_x\boldsymbol{i} - g_y\boldsymbol{j} + \boldsymbol{k}$$

は 7.2 節で述べたように，曲面 S に垂直である．したがって，単位法線ベクトルは

$$\boldsymbol{n} = -\frac{g_x}{\sqrt{g_x^2 + g_y^2 + 1}}\boldsymbol{i} - \frac{g_y}{\sqrt{g_x^2 + g_y^2 + 1}}\boldsymbol{j} + \frac{1}{\sqrt{g_x^2 + g_y^2 + 1}}\boldsymbol{k} \tag{8.38}$$

となる．一方，微小面積 dS の正射影が $dxdy$ であり，dS の法線ベクトルが z 軸となす角が γ であることから

$$dxdy = \cos\gamma \, dS = \boldsymbol{n}\cdot\boldsymbol{k}\, dS = \frac{1}{\sqrt{g_x^2 + g_y^2 + 1}}dS$$

となる．さらに式 (8.37), (8.38) を見比べれば

8.8 積分定理

$$\cos\beta = -\frac{g_y}{\sqrt{g_x^2+g_y^2+1}}, \quad \cos\gamma = \frac{1}{\sqrt{g_x^2+g_y^2+1}}$$

となる．これらの式を用いれば

$$\int_S \left(\frac{\partial f}{\partial z}\cos\beta - \frac{\partial f}{\partial y}\cos\gamma\right) dS = -\int\int_D \left(\frac{\partial f}{\partial z}\frac{\partial g}{\partial y} + \frac{\partial f}{\partial y}\right) dxdy \quad (8.39)$$

が得られる．ここで，曲面 S 上での f を F と書くことにすれば，

$$f = f(x,y,z) = f(x,y,g(x,y)) = F(x,y)$$

となり，この式から

$$\frac{\partial F}{\partial y} = \frac{\partial f}{\partial z}\frac{\partial g}{\partial y} + \frac{\partial f}{\partial y}$$

が得られる．この式を式 (8.39) に代入すれば，グリーンの定理から

$$\int_S \left(\frac{\partial f}{\partial z}\cos\beta - \frac{\partial f}{\partial y}\cos\gamma\right) dS = -\int\int_D \left(\frac{\partial F}{\partial y}\right) dxdy$$
$$= \int_C F dx = \int_C f dx \quad (8.40)$$

となる．ただし，曲線 C 上で $f=F$ を用いた．（証明終わり）

同様にすれば式 (8.36) と同じ条件のもとで以下の式が成り立つことが示せる．

$$\int_S \left(\frac{\partial f}{\partial x}\cos\gamma - \frac{\partial f}{\partial z}\cos\alpha\right) dS = \int_C f dy \quad (8.41)$$

$$\int_S \left(\frac{\partial f}{\partial y}\cos\alpha - \frac{\partial f}{\partial x}\cos\beta\right) dS = \int_C f dz \quad (8.42)$$

ベクトル場 $\boldsymbol{A} = A_1\boldsymbol{i} + A_2\boldsymbol{j} + A_3\boldsymbol{k}$ の x 成分に対して式 (8.40)，y 成分に対して式 (8.41)，z 成分に対して式 (8.42) を適用して 3 式を加えれば，

$$\int_S \left[\left(\frac{\partial A_3}{\partial y} - \frac{\partial A_2}{\partial z}\right)\cos\alpha - \left(\frac{\partial A_3}{\partial x} - \frac{\partial A_1}{\partial z}\right)\cos\beta \right.$$
$$\left. + \left(\frac{\partial A_2}{\partial x} - \frac{\partial A_1}{\partial y}\right)\cos\gamma\right] dS = \int_C (A_1 dx + A_2 dy + A_3 dz)$$

となる．ここで左辺の被積分関数は

$$(\nabla \times \boldsymbol{A}) \cdot \boldsymbol{n}$$

と書くことができ，また右辺は

$$\int_C \boldsymbol{A} \cdot d\boldsymbol{r}$$

であることに注意すれば，結局次の定理が得られたことになる．

> ベクトル場 $\boldsymbol{A}$ 内で，閉曲線 C に囲まれた領域 S において，次式が成り立つ．
> $$\int_C \boldsymbol{A} \cdot d\boldsymbol{r} = \int_S (\nabla \times \boldsymbol{A}) \cdot \boldsymbol{n} dS \tag{8.43}$$
> ただし，$\boldsymbol{n}$ は曲面 S の単位法線ベクトルであり，その向きおよび曲線 C の向きは図 8.10 に示すようにとるものとする．

この定理をストークス (Stokes) の定理とよんでいる．

例題 8.8
任意の閉曲面 S について次式が成り立つことを示せ．
$$\int_S (\nabla \times \boldsymbol{A}) \cdot \boldsymbol{n} dS = 0$$

【解】 S を閉曲線 C によって 2 つの部分 S_1, S_2 に分けてストークスの定理を適用する．このとき S_1 の境界を C とすれば，S_2 の境界は $-C$ となる．このことを用いれば

$$\begin{aligned}
\int_S (\nabla \times \boldsymbol{A}) \cdot \boldsymbol{n} dS &= \int_{S_1} (\nabla \times \boldsymbol{A}) \cdot \boldsymbol{n} dS + \int_{S_2} (\nabla \times \boldsymbol{A}) \cdot \boldsymbol{n} dS \\
&= \int_C \boldsymbol{A} \cdot d\boldsymbol{r} + \int_{-C} \boldsymbol{A} \cdot d\boldsymbol{r} = \int_C \boldsymbol{A} \cdot d\boldsymbol{r} - \int_C \boldsymbol{A} \cdot d\boldsymbol{r} \\
&= 0
\end{aligned}$$

例題 8.9
領域 V の境界面を S とし，S の外向き単位法線ベクトルを $\boldsymbol{n}$ とする．このとき次の各式が成り立つことを示せ（グリーンの公式）．ただし $\partial/\partial n$ は法線方向微分を表す．

$$(1)\quad \int_S u\frac{\partial v}{\partial n}dS = \int_V \left[u\nabla^2 v + (\nabla u)\cdot(\nabla v)\right]dV \qquad (8.44)$$

$$(2)\quad \int_S \left(u\frac{\partial v}{\partial n} - v\frac{\partial u}{\partial n}\right)dS = \int_V \left(u\nabla^2 v - v\nabla^2 u\right)dV \qquad (8.45)$$

【解】 (1) $\nabla\cdot(u\nabla v) = u\nabla^2 v + (\nabla u)\cdot(\nabla v)$ が成り立つため，ガウスの定理から

$$\int_S u\frac{\partial v}{\partial n}dS = \int_S (u\nabla v)\cdot\boldsymbol{n}dS = \int_V \nabla\cdot(u\nabla v)dV$$
$$= \int_V \left[u\nabla^2 v + (\nabla u)\cdot(\nabla v)\right]dV$$

(2) 式 (8.44) で u と v を入れ換えた式

$$\int_S v\frac{\partial u}{\partial n}dS = \int_V \left[v\nabla^2 u + (\nabla v)\cdot(\nabla u)\right]dV$$

を式 (8.44) から引けば

$$\int_S \left(u\frac{\partial v}{\partial n} - v\frac{\partial u}{\partial n}\right)dS = \int_V \left(u\nabla^2 v - v\nabla^2 u\right)dV$$

▷章末問題◁

[8.1] $\boldsymbol{A} = 2xy^3\boldsymbol{i} + 3x^2yz\boldsymbol{j} - xyz^2\boldsymbol{k}$, $\varphi = x^2 - 3yz$ のとき，以下の計算をせよ．

(1) $\nabla\cdot\boldsymbol{A}$, (2) $\nabla\varphi$, (3) $\nabla\cdot(\varphi\boldsymbol{A})$, (4) $\nabla\times(\nabla\times\boldsymbol{A})$, (5) $\nabla(\nabla\cdot\boldsymbol{A})$,

(6) $\nabla\times(\varphi\boldsymbol{A})$

[8.2] 次の等式を証明せよ．

(1) $\nabla\times(\nabla\times\boldsymbol{A}) = \nabla(\nabla\cdot\boldsymbol{A}) - \nabla^2\boldsymbol{A}$

(2) $\nabla\cdot(\boldsymbol{A}\times\boldsymbol{B}) = \boldsymbol{B}\cdot(\nabla\times\boldsymbol{A}) - \boldsymbol{A}\cdot(\nabla\times\boldsymbol{B})$

[8.3] 図 8.11 の点 A,B,C,D に対して，以下の計算をせよ．

(1) $\int_{ABC}(x^2 + xy + y^2)ds$, (2) $\int_{ADC}(x^2 + xy + y^2)ds$,

(3) $\int_{AC}(x^2 + xy + y^2)ds$

[8.4] 原点中心,半径 1 の円の $x \geq 0, y \geq 0, z \geq 0$ の領域を V としたとき
$$\iiint_V xyz\,dV$$
を計算せよ.

[8.5] 図 8.12 に示すような 1 辺が 1 の立方体の表面を S とする.また $\boldsymbol{A} = x^2\boldsymbol{i} + yz\boldsymbol{j} + z^2\boldsymbol{k}$ とする.このとき,
$$\iint_S \boldsymbol{A} \cdot \boldsymbol{n}\,dS$$
の値を面積分を直接計算する方法,およびガウスの定理を用いて体積分になおして計算する方法により求めよ.

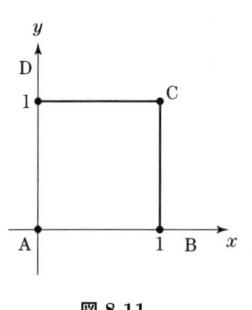

図 8.11

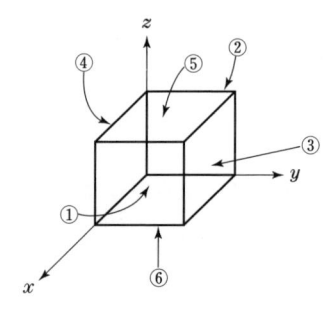

図 8.12

9

直交曲線座標

 平面内の点の位置を指定する場合，直角座標のほかに極座標を用いても指定できた．これと同様に空間内の点は直角座標以外にもいろいろな座標を用いて指定することができる．その中で座標曲線（後述）がお互いに直交しているものを直交曲線座標とよび，偏微分方程式の境界値問題を解く場合など，応用上特に重要である．本章ではベクトルの応用として直交曲線座標系について述べる．

9.1　直交曲線座標と基本ベクトル

 3変数の関数 $u_1 = u_1(x, y, z)$ において，$u_1 =$ 一定とすれば，これは x-y-z 面内の1つの曲面を表す．同様に別の関数 $u_2 = u_2(x, y, z)$，$u_3 = u_3(x, y, z)$ において $u_2 =$ 一定，$u_3 =$ 一定とすれば，これらもそれぞれ x-y-z 面内の1つの曲面を表す．このとき，$u_2 =$ 一定の曲面と $u_3 =$ 一定の曲面の交線を u_1 曲線とよぶことにする．同様に $u_3 =$ 一定の曲面と $u_1 =$ 一定の曲面の交線を u_2 曲線，$u_1 =$ 一定の曲面と $u_2 =$ 一定の曲面の交線を u_3 曲線とよぶことにしよう．

 定義から1本の u_1 曲線上では u_2, u_3 の値は常に同じ値をとるが，u_1 の値は曲線上で変化する．そしてその u_1 の値を u_1 座標と定義する．u_2, u_3 座標についても同様に定義する．空間内の1点Pを通る u_1, u_2, u_3 曲線を考えるとその点において，それらは特定の u_1, u_2, u_3 座標をもつことになる．したがって，空間内の点を (u_1, u_2, u_3) で指定することもできる．このような座標を曲線座標とよぶ．このとき，(u_1, u_2, u_3) により (x, y, z) が決まるから，

$$x = x(u_1, u_2, u_3), \quad y = y(u_1, u_2, u_3), \quad z = z(u_1, u_2, u_3) \tag{9.1}$$

と書ける．

 さて，空間内の1点の位置ベクトルを

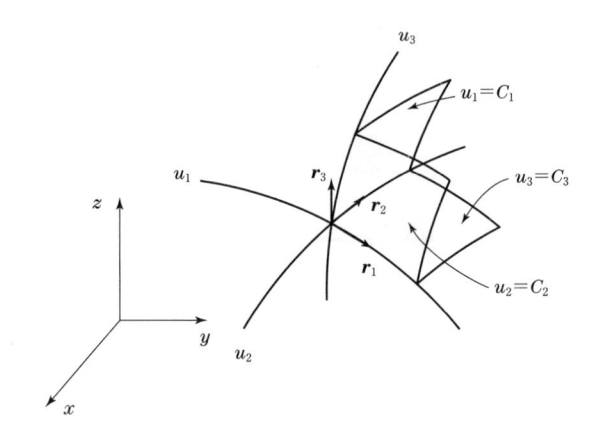

図 9.1 直交曲線座標

$$\bm{r} = x(u_1, u_2, u_3)\bm{i} + y(u_1, u_2, u_3)\bm{j} + z(u_1, u_2, u_3)\bm{k} \tag{9.2}$$

とすれば，u_1 曲線の接線ベクトル $\bm{r}_1$ は

$$\bm{r}_1 \equiv \frac{\partial \bm{r}}{\partial u_1} = \frac{\partial x}{\partial u_1}\bm{i} + \frac{\partial y}{\partial u_1}\bm{j} + \frac{\partial z}{\partial u_1}\bm{k} \tag{9.3}$$

となる．同様に，u_2, u_3 曲線の接線ベクトルは次のようになる．

$$\bm{r}_2 \equiv \frac{\partial \bm{r}}{\partial u_2} = \frac{\partial x}{\partial u_2}\bm{i} + \frac{\partial y}{\partial u_2}\bm{j} + \frac{\partial z}{\partial u_2}\bm{k} \tag{9.4}$$

$$\bm{r}_3 \equiv \frac{\partial \bm{r}}{\partial u_3} = \frac{\partial x}{\partial u_3}\bm{i} + \frac{\partial y}{\partial u_3}\bm{j} + \frac{\partial z}{\partial u_3}\bm{k} \tag{9.5}$$

一方，

$$\nabla u_3 = \frac{\partial u_3}{\partial x}\bm{i} + \frac{\partial u_3}{\partial y}\bm{j} + \frac{\partial u_3}{\partial z}\bm{k}$$

は，$u_3 =$ 一定の曲面に垂直なベクトルである．この式と $\bm{r}_1$ のスカラー積を計算すれば，

$$\nabla u_3 \cdot \bm{r}_1 = \frac{\partial u_3}{\partial x}\frac{\partial x}{\partial u_1} + \frac{\partial u_3}{\partial y}\frac{\partial y}{\partial u_1} + \frac{\partial u_3}{\partial z}\frac{\partial z}{\partial u_1} = \frac{\partial u_3}{\partial u_1}$$

となる．ここで，u_1 と u_3 が独立であれば，u_3 を u_1 で偏微分すれば 0 になるため，$u_3 =$ 一定の面に対する法線と，u_1 曲線は直交することがわかる．同様に，u_2 と u_3 が独立であれば

9.1 直交曲線座標と基本ベクトル

$$\nabla u_3 \cdot \boldsymbol{r}_2 = 0$$

となり，$u_3 = $ 一定の面に対する法線と，u_2 曲線は直交する．同様の議論は ∇u_1，∇u_2 に対しても行うことができる．以下，各接線ベクトル $\boldsymbol{r}_1, \boldsymbol{r}_2, \boldsymbol{r}_3$ も直交するとしよう．このように，各座標曲線の接線ベクトルが直交する座標系のことを直交曲線座標系といい，今後もっぱら直交曲線座標系を考えることにする．さらに u_1, u_2, u_3 はこの順に右手系をなすものとする．

u_1, u_2, u_3 曲線に沿う単位接線ベクトルはそれぞれ

$$\boldsymbol{e}_1 = \frac{\boldsymbol{r}_1}{|\boldsymbol{r}_1|}, \quad \boldsymbol{e}_2 = \frac{\boldsymbol{r}_2}{|\boldsymbol{r}_2|}, \quad \boldsymbol{e}_3 = \frac{\boldsymbol{r}_3}{|\boldsymbol{r}_3|} \tag{9.6}$$

となるが，これらは直交曲線座標系での基本ベクトルとよばれる．この基本ベクトル間には，直角座標の場合と同様に以下の関係が成り立つ．

$$\begin{aligned} \boldsymbol{e}_1 \cdot \boldsymbol{e}_2 = \boldsymbol{e}_2 \cdot \boldsymbol{e}_3 = \boldsymbol{e}_3 \cdot \boldsymbol{e}_1 = 0 \\ \boldsymbol{e}_1 = \boldsymbol{e}_2 \times \boldsymbol{e}_3, \quad \boldsymbol{e}_2 = \boldsymbol{e}_3 \times \boldsymbol{e}_1, \quad \boldsymbol{e}_3 = \boldsymbol{e}_1 \times \boldsymbol{e}_2 \end{aligned} \tag{9.7}$$

さらに，前述のように ∇u_3 は $\boldsymbol{e}_1$，$\boldsymbol{e}_2$ に垂直であるから，$\boldsymbol{e}_3$ に平行になる．$\boldsymbol{e}_3$ が単位ベクトルであることを考慮すれば，

$$\boldsymbol{e}_3 = \frac{\nabla u_3}{h_3} \quad (h_3 = |\nabla u_3|) \tag{9.8}$$

となる．同様に

$$\boldsymbol{e}_1 = \frac{\nabla u_1}{h_1} \quad (h_1 = |\nabla u_1|) \tag{9.9}$$

$$\boldsymbol{e}_2 = \frac{\nabla u_2}{h_2} \quad (h_2 = |\nabla u_2|) \tag{9.10}$$

となる．$i = 1, 2, 3$ として h_i を成分で表せば

$$h_i = \sqrt{\left(\frac{\partial u_i}{\partial x}\right)^2 + \left(\frac{\partial u_i}{\partial y}\right)^2 + \left(\frac{\partial u_i}{\partial z}\right)^2} \tag{9.11}$$

となる．ところで，

$$\begin{aligned} (\nabla u_i) \cdot \boldsymbol{r}_i &= \left(\frac{\partial u_i}{\partial x}\boldsymbol{i} + \frac{\partial u_i}{\partial y}\boldsymbol{j} + \frac{\partial u_i}{\partial z}\boldsymbol{k}\right) \cdot \left(\frac{\partial x}{\partial u_i}\boldsymbol{i} + \frac{\partial y}{\partial u_i}\boldsymbol{j} + \frac{\partial z}{\partial u_i}\boldsymbol{k}\right) \\ &= \frac{\partial u_i}{\partial x}\frac{\partial x}{\partial u_i} + \frac{\partial u_i}{\partial y}\frac{\partial y}{\partial u_i} + \frac{\partial u_i}{\partial z}\frac{\partial z}{\partial u_i} = \frac{\partial u_i}{\partial u_i} = 1 \end{aligned}$$

であり，さらに式 (9.6) と式 (9.8)～(9.10) より

$$1 = e_i \cdot e_i = \frac{r_i}{|r_i|} \cdot \frac{\nabla u_i}{h_i}$$

であるため，これらの式から

$$\frac{1}{h_i} = |r_i| = \sqrt{\left(\frac{\partial x}{\partial u_i}\right)^2 + \left(\frac{\partial y}{\partial u_i}\right)^2 + \left(\frac{\partial z}{\partial u_i}\right)^2} \tag{9.12}$$

が得られる．以上のことから

$$e_i = \frac{r_i}{|r_i|} = h_i r_i \tag{9.13}$$

となる．

例題 9.1

直交曲線座標の座標曲線に沿った線素の長さ，面積素，体積要素を求めよ．

【解】 $i = 1, 2, 3$ として u_i 軸に沿う長さを s_i とすると式 (7.15) から

$$e_i = \frac{\partial r}{\partial s_i} = \frac{\partial r}{\partial u_i}\frac{\partial u_i}{\partial s_i} = r_i \frac{du_i}{ds_i}$$

したがって $|e_i|ds_i = |r_i|du_i$ となるが，$|e_i| = 1$ であり，さらに式 (9.12) を用いれば

$$ds_i = du_i/h_i \tag{9.14}$$

となる．これから体積要素は

$$dV = ds_1 ds_2 ds_3 = du_1 du_2 du_3/(h_1 h_2 h_3) \tag{9.15}$$

であることがわかる．また各座標軸は直交しているため，$u_1 = $ 一定，$u_2 = $ 一定，$u_3 = $ 一定の各面積素はそれぞれ次のようになる．

$$dS_1 = du_2 du_3/(h_2 h_3), dS_2 = du_3 du_1/(h_3 h_1), dS_3 = du_1 du_2/(h_1 h_2) \tag{9.16}$$

9.2 基本ベクトルの微分

直交曲線座標系を用いるとき最も注意すべきことは，基本ベクトルが位置の関数になる ことである．すなわち，基本ベクトルは大きさは1であっても，その方向が場所により変化する．したがって，直角座標での i, j, k とは異なり，基本ベクトルは定数ベクトルでなく，微分しても0にならない．そこで本節では基本ベクトルを微分するとどうなるかを調べてみよう．

まず，前節では

$$r_1 = \frac{\partial r}{\partial u_1} = \frac{1}{h_1}e_1, \quad r_2 = \frac{\partial r}{\partial u_2} = \frac{1}{h_2}e_2, \quad r_3 = \frac{\partial r}{\partial u_3} = \frac{1}{h_3}e_3 \quad (9.17)$$

という結果を得た．この第1式，第2式をそれぞれ u_2, u_1 で微分すれば

$$\frac{\partial^2 r}{\partial u_1 \partial u_2} = \frac{\partial}{\partial u_2}\left(\frac{e_1}{h_1}\right) = \frac{1}{h_1}\frac{\partial e_1}{\partial u_2} + \frac{\partial}{\partial u_2}\left(\frac{1}{h_1}\right)e_1 \quad (9.18)$$

$$\frac{\partial^2 r}{\partial u_1 \partial u_2} = \frac{\partial}{\partial u_1}\left(\frac{e_2}{h_2}\right) = \frac{1}{h_2}\frac{\partial e_2}{\partial u_1} + \frac{\partial}{\partial u_1}\left(\frac{1}{h_2}\right)e_2 \quad (9.19)$$

となる．ここで，次の例題9.1に示すように式(9.15)の最右辺第1項は e_2 と平行で，式(9.16)の最右辺第1項は e_1 と平行であるから，2つの式を等値して

$$\frac{\partial e_2}{\partial u_1} = h_2\frac{\partial}{\partial u_2}\left(\frac{1}{h_1}\right)e_1, \quad \frac{\partial e_1}{\partial u_2} = h_1\frac{\partial}{\partial u_1}\left(\frac{1}{h_2}\right)e_2 \quad (9.20)$$

が得られる．同様にして，

$$\frac{\partial e_3}{\partial u_2} = h_3\frac{\partial}{\partial u_3}\left(\frac{1}{h_2}\right)e_2, \quad \frac{\partial e_2}{\partial u_3} = h_2\frac{\partial}{\partial u_2}\left(\frac{1}{h_3}\right)e_3 \quad (9.21)$$

$$\frac{\partial e_1}{\partial u_3} = h_1\frac{\partial}{\partial u_1}\left(\frac{1}{h_3}\right)e_3, \quad \frac{\partial e_3}{\partial u_1} = h_3\frac{\partial}{\partial u_3}\left(\frac{1}{h_1}\right)e_1 \quad (9.22)$$

が得られる．さらに

$$\frac{\partial e_1}{\partial u_1} = \frac{\partial}{\partial u_1}(e_2 \times e_3) = -h_2\frac{\partial}{\partial u_2}\left(\frac{1}{h_1}\right)e_2 - h_3\frac{\partial}{\partial u_3}\left(\frac{1}{h_1}\right)e_3 \quad (9.23)$$

$$\frac{\partial e_2}{\partial u_2} = \frac{\partial}{\partial u_2}(e_3 \times e_1) = -h_3\frac{\partial}{\partial u_3}\left(\frac{1}{h_2}\right)e_3 - h_1\frac{\partial}{\partial u_1}\left(\frac{1}{h_2}\right)e_1 \quad (9.24)$$

$$\frac{\partial \boldsymbol{e}_3}{\partial u_3} = \frac{\partial}{\partial u_3}(\boldsymbol{e}_1 \times \boldsymbol{e}_2) = -h_1 \frac{\partial}{\partial u_1}\left(\frac{1}{h_3}\right) \boldsymbol{e}_1 - h_2 \frac{\partial}{\partial u_2}\left(\frac{1}{h_3}\right) \boldsymbol{e}_2 \quad (9.25)$$

となることもわかる．

例題 9.2

$\partial \boldsymbol{e}_1 / \partial u_2$ が $\boldsymbol{e}_2$ と平行であることを示せ．

【解】 $\boldsymbol{e}_1 \cdot \boldsymbol{e}_1 = 1$ の両辺を u_2 で微分すれば

$$2\boldsymbol{e}_1 \cdot \frac{\partial \boldsymbol{e}_1}{\partial u_2} = 0$$

となる．このことは $\boldsymbol{e}_1$ と $\partial \boldsymbol{e}_1 / \partial u_2$ は直交すること，いいかえれば $\partial \boldsymbol{e}_1 / \partial u_2$ は $\boldsymbol{e}_1$ を含まないことを意味している．一方，

$$\frac{\partial \boldsymbol{r}}{\partial u_1} \cdot \frac{\partial \boldsymbol{r}}{\partial u_2} = \frac{1}{h_1 h_2} \boldsymbol{e}_1 \cdot \boldsymbol{e}_2 = 0$$

となり，同様に

$$\frac{\partial \boldsymbol{r}}{\partial u_2} \cdot \frac{\partial \boldsymbol{r}}{\partial u_3} = \frac{\partial \boldsymbol{r}}{\partial u_3} \cdot \frac{\partial \boldsymbol{r}}{\partial u_1} = 0$$

が成り立つから

$$0 = \frac{\partial}{\partial u_1}\left(\frac{\partial \boldsymbol{r}}{\partial u_2} \cdot \frac{\partial \boldsymbol{r}}{\partial u_3}\right) + \frac{\partial}{\partial u_2}\left(\frac{\partial \boldsymbol{r}}{\partial u_3} \cdot \frac{\partial \boldsymbol{r}}{\partial u_1}\right) - \frac{\partial}{\partial u_3}\left(\frac{\partial \boldsymbol{r}}{\partial u_1} \cdot \frac{\partial \boldsymbol{r}}{\partial u_2}\right)$$

$$= 2 \frac{\partial^2 \boldsymbol{r}}{\partial u_1 \partial u_2} \cdot \frac{\partial \boldsymbol{r}}{\partial u_3} = \frac{2}{h_3} \frac{\partial^2 \boldsymbol{r}}{\partial u_1 \partial u_2} \cdot \boldsymbol{e}_3$$

となる．このことは，式 (9.18) の左辺が $\boldsymbol{e}_3$ と直交すること，すなわち $\boldsymbol{e}_3$ を含まないことを意味している．以上のことから $\partial \boldsymbol{e}_1 / \partial u_2$ は $\boldsymbol{e}_2$ だけを含むことがわかる．

9.3 ナブラを含む演算

スカラー関数 $f(x, y, z)$ は，直交曲線座標では (u_1, u_2, u_3) の関数 $f(u_1, u_2, u_3)$ とみなせる．そこで，方向微分を直交曲線座標で表すと

$$\frac{df}{ds} = \frac{\partial f}{\partial u_1} \frac{du_1}{ds} + \frac{\partial f}{\partial u_2} \frac{du_2}{ds} + \frac{\partial f}{\partial u_3} \frac{du_3}{ds}$$

$$= \left(e_1 h_1 \frac{\partial f}{\partial u_1} + e_2 h_2 \frac{\partial f}{\partial u_2} + e_3 h_3 \frac{\partial f}{\partial u_3}\right)$$
$$\cdot \left(e_1 \frac{1}{h_1} \frac{du_1}{ds} + e_2 \frac{1}{h_2} \frac{du_2}{ds} + e_3 \frac{1}{h_3} \frac{du_3}{ds}\right)$$
$$= \left(e_1 h_1 \frac{\partial}{\partial u_1} + e_2 h_2 \frac{\partial}{\partial u_2} + e_3 h_3 \frac{\partial}{\partial u_3}\right) f \cdot \frac{d\boldsymbol{r}}{ds}$$

となる．ただし，最後の式の変形には式 (9.17) から

$$e_1 \frac{1}{h_1} \frac{du_1}{ds} + e_2 \frac{1}{h_2} \frac{du_2}{ds} + e_3 \frac{1}{h_3} \frac{du_3}{ds} = \frac{\partial \boldsymbol{r}}{\partial u_1} \frac{du_1}{ds} + \frac{\partial \boldsymbol{r}}{\partial u_2} \frac{du_2}{ds} + \frac{\partial \boldsymbol{r}}{\partial u_3} \frac{du_3}{ds} = \frac{d\boldsymbol{r}}{ds}$$

となることを用いた．この式と式 (8.6) (ただし式 (8.6) の u を f とする) を比較すれば，直交曲線座標でのナブラとして次式が得られる．

$$\nabla = e_1 h_1 \frac{\partial}{\partial u_1} + e_2 h_2 \frac{\partial}{\partial u_2} + e_3 h_3 \frac{\partial}{\partial u_3} \tag{9.26}$$

［勾配］

式 (9.26) から，スカラー関数 $f(u_1, u_2, u_3)$ の勾配は直交曲線座標では

$$\nabla f = e_1 h_1 \frac{\partial f}{\partial u_1} + e_2 h_2 \frac{\partial f}{\partial u_2} + e_3 h_3 \frac{\partial f}{\partial u_3} \tag{9.27}$$

となる．

［発散］

直交曲線座標で表したベクトル関数

$$\boldsymbol{A}(u_1, u_2, u_3) = A_1(u_1, u_2, u_3)\boldsymbol{e}_1 + A_2(u_1, u_2, u_3)\boldsymbol{e}_2 + A_3(u_1, u_2, u_3)\boldsymbol{e}_3$$

の発散は

$$\mathrm{div}\,\boldsymbol{A} = \nabla \cdot \boldsymbol{A} = \left(\boldsymbol{e}_1 h_1 \frac{\partial}{\partial u_1} + \boldsymbol{e}_2 h_2 \frac{\partial}{\partial u_2} + \boldsymbol{e}_3 h_3 \frac{\partial}{\partial u_3}\right)$$
$$\cdot (A_1(u_1, u_2, u_3)\boldsymbol{e}_1 + A_2(u_1, u_2, u_3)\boldsymbol{e}_2 + A_3(u_1, u_2, u_3)\boldsymbol{e}_3)$$

を分配法則を用いて展開すればよい．ただし，前節で述べたように $\boldsymbol{e}_i$ の微分は 0 ではないことに注意する．たとえば，上の展開で

$$e_1 h_1 \cdot \frac{\partial}{\partial u_1}(A_1 e_1) = e_1 h_1 \cdot \left(\frac{\partial A_1}{\partial u_1}\right)e_1 + e_1 h_1 \cdot A_1 \left(\frac{\partial e_1}{\partial u_1}\right)$$

$$= h_1 \frac{\partial A_1}{\partial u_1} + A_1 h_1 e_1 \cdot \left(-h_2 \frac{\partial}{\partial u_2}\left(\frac{1}{h_1}\right)e_2 - h_3 \frac{\partial}{\partial u_3}\left(\frac{1}{h_1}\right)e_3\right) = h_1 \frac{\partial A_1}{\partial u_1}$$

$$e_1 h_1 \cdot \frac{\partial}{\partial u_1}(A_2 e_2) = e_1 h_1 \cdot \left(\frac{\partial A_2}{\partial u_1}\right)e_2 + e_1 h_1 \cdot A_2 \left(\frac{\partial e_2}{\partial u_1}\right)$$

$$= e_1 h_1 \cdot A_2 \left(h_2 \frac{\partial}{\partial u_2}\left(\frac{1}{h_1}\right)\right)e_1 = A_2 h_1 h_2 \frac{\partial}{\partial u_2}\left(\frac{1}{h_1}\right)$$

となる．他の項も同様に計算して，式をまとめれば

$$\nabla \cdot \boldsymbol{A} = h_1 h_2 h_3 \left[\frac{\partial}{\partial u_1}\left(\frac{A_1}{h_2 h_3}\right) + \frac{\partial}{\partial u_2}\left(\frac{A_2}{h_3 h_1}\right) + \frac{\partial}{\partial u_3}\left(\frac{A_3}{h_1 h_2}\right)\right] \quad (9.28)$$

が得られる．

［回　転］

ベクトル関数 $\boldsymbol{A}$ の回転もナブラと $\boldsymbol{A}$ のベクトル積を分配法則を用いて計算すればよい．ただし，この場合も基本ベクトルの微分は 0 にならないことに注意する．結果のみを記せば

$$\mathrm{rot}\boldsymbol{A} = \nabla \times \boldsymbol{A} = \left(e_1 h_1 \frac{\partial}{\partial u_1} + e_2 h_2 \frac{\partial}{\partial u_2} + e_3 h_3 \frac{\partial}{\partial u_3}\right)$$

$$\times (A_1(u_1, u_2, u_3)e_1 + A_2(u_1, u_2, u_3)e_2 + A_3(u_1, u_2, u_3)e_3)$$

$$= e_1 h_2 h_3 \left[\frac{\partial}{\partial u_2}\left(\frac{A_3}{h_3}\right) - \frac{\partial}{\partial u_3}\left(\frac{A_2}{h_2}\right)\right]$$

$$+ e_2 h_3 h_1 \left[\frac{\partial}{\partial u_3}\left(\frac{A_1}{h_1}\right) - \frac{\partial}{\partial u_1}\left(\frac{A_3}{h_3}\right)\right]$$

$$+ e_3 h_1 h_2 \left[\frac{\partial}{\partial u_1}\left(\frac{A_2}{h_2}\right) - \frac{\partial}{\partial u_2}\left(\frac{A_1}{h_1}\right)\right]$$

すなわち，

$$\mathrm{rot}\boldsymbol{A} = h_1 h_2 h_3 \begin{vmatrix} e_1/h_1 & e_2/h_2 & e_3/h_3 \\ \partial/\partial u_1 & \partial/\partial u_2 & \partial/\partial u_3 \\ A_1/h_1 & A_2/h_2 & A_3/h_3 \end{vmatrix} \quad (9.29)$$

となる.

[ラプラシアン]

スカラー関数 f のラプラシアンは $\nabla^2 f = \nabla \cdot \nabla f$ であるから,式 (9.26),(9.28) より

$$\nabla^2 f = h_1 h_2 h_3 \left[\frac{\partial}{\partial u_1} \left(\frac{h_1}{h_2 h_3} \frac{\partial f}{\partial u_1} \right) + \frac{\partial}{\partial u_2} \left(\frac{h_2}{h_3 h_1} \frac{\partial f}{\partial u_2} \right) + \frac{\partial}{\partial u_3} \left(\frac{h_3}{h_1 h_2} \frac{\partial f}{\partial u_3} \right) \right]$$

となる.

例題 9.3 球座標に対して,∇f,$\nabla \cdot \boldsymbol{A}$,$\nabla^2 f$,$\nabla \times \boldsymbol{A}$ を求めよ.

【解】 球座標とは図 9.2 に示すように空間内の点を,原点からの距離 r,経度 φ,および z 軸となす角 θ で表す座標系のことである.このとき x-y-z 座標とは

$$x = r \sin\theta \cos\varphi, \quad y = r \sin\theta \sin\varphi, \quad z = r \cos\theta$$

の関係がある.そこで $(x, y, z) = (x_1, x_2, x_3)$ として

$$u_r = u_1 = r, \quad u_\theta = u_2 = \theta, \quad u_\varphi = u_3 = \varphi$$

ととれば

$$\begin{cases} \dfrac{\partial x_1}{\partial u_1} = \sin\theta \cos\varphi, & \dfrac{\partial x_2}{\partial u_1} = \sin\theta \sin\varphi, & \dfrac{\partial x_3}{\partial u_1} = \cos\theta \\[4pt] \dfrac{\partial x_1}{\partial u_2} = r \cos\theta \cos\varphi, & \dfrac{\partial x_2}{\partial u_2} = r \cos\theta \sin\varphi, & \dfrac{\partial x_3}{\partial u_2} = -r \sin\theta \\[4pt] \dfrac{\partial x_1}{\partial u_3} = -r \sin\theta \sin\varphi, & \dfrac{\partial x_2}{\partial u_3} = \sin\theta \cos\varphi, & \dfrac{\partial x_3}{\partial u_3} = 0 \end{cases}$$

となり

$$\frac{1}{h_r} = \sqrt{(\sin\theta \cos\varphi)^2 + (\sin\theta \sin\varphi)^2 + (\cos\theta)^2} = 1$$

$$\frac{1}{h_\theta} = r, \quad \frac{1}{h_\varphi} = r \sin\theta$$

となる.したがって,

$$\nabla f = \left(\bm{e}_r \frac{\partial}{\partial r} + \frac{\bm{e}_\theta}{r} \frac{\partial}{\partial \theta} + \frac{\bm{e}_\varphi}{r\sin\theta} \frac{\partial}{\partial \varphi}\right) f$$

$$\nabla \cdot \bm{A} = \frac{1}{r^2 \sin\theta} \left[\frac{\partial}{\partial r}(r^2 \sin\theta A_r) + \frac{\partial}{\partial \theta}(r\sin\theta A_\theta) + \frac{\partial}{\partial \varphi}(r A_\varphi)\right]$$

$$\nabla^2 f = \frac{1}{r^2} \frac{\partial}{\partial r}\left(r^2 \frac{\partial f}{\partial r}\right) + \frac{1}{r^2 \sin\theta} \frac{\partial}{\partial \theta}\left(\sin\theta \frac{\partial f}{\partial \theta}\right) + \frac{1}{r^2 \sin^2\theta} \frac{\partial^2 f}{\partial \varphi^2}$$

$$\nabla \times \bm{A} = \begin{vmatrix} \bm{e}_r & r\bm{e}_\theta & r\sin\theta \bm{e}_\varphi \\ \frac{\partial}{\partial r} & \frac{\partial}{\partial \theta} & \frac{\partial}{\partial \varphi} \\ A_r & rA_\theta & r\sin\theta A_\varphi \end{vmatrix}$$

となる.

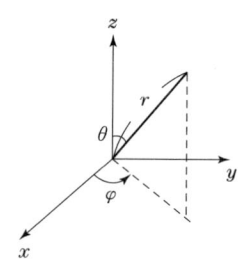

図 9.2 球座標

▷章末問題◁

[9.1] 円柱座標 (r, θ, z) に対して次の各式を計算せよ.

(1) ∇f, (2) $\nabla^2 f$, (3) $\nabla \cdot \bm{A}$, (4) $\nabla \times \bm{A}$

[9.2] $x = c\cosh\xi\cos\eta$, $y = c\sinh\xi\sin\eta$, $z = \zeta$（楕円座標という）は直交曲線座標であることを示せ.

[9.3] 上の問題の直交座標系に対して次の各式を計算せよ.

(1) ∇f, (2) $\nabla^2 f$, (3) $\nabla \cdot \bm{A}$, (4) $\nabla \times \bm{A}$

略　解

第1章

問 1.1　$f(2) = 2^2 + 3\cdot 2 + 2 = 4 + 6 + 2 = \boxed{12}$
$f(a-2) = (a-2)^2 + 3(a-2) + 2 = \boxed{a^2 - a}$

問 1.2　$f(x+y)f(x-y) = (e^{x+y} + e^{-(x+y)})/2 \cdot (e^{x-y} + e^{-(x-y)})/2$
$= \boxed{(e^{2x} + e^{-2x} + e^{2y} + e^{-2y})/4}$

問 1.3　$ayx + by = cx + d \to (ay-c)x = -(by-d) \to \boxed{x = -(by-d)/(ay-c)}$

問 1.4　$y = 2(x+3)^2 + 4 = \boxed{2x^2 + 12x + 22}$

問 1.5　(1) $\lim_{x\to 3}\frac{x-3}{(x-3)(x-1)} = \boxed{\frac{1}{2}}$. (2) $\lim_{\theta\to 0}\frac{4\theta}{\sin 4\theta}\frac{\sin 3\theta}{3\theta}\times\frac{3}{4} = \boxed{\frac{3}{4}}$

問 1.6　$\cos^{-1}(1/2) = \pi/3, \sin^{-1}(1/\sqrt{2}) = \pi/4 \to \boxed{7\pi/12}$

章末問題

[1.1]　(1) $\lim_{x\to 2}\frac{x^2-4}{x^2+x-6} = \lim_{x\to 2}\frac{(x-2)(x+2)}{(x-2)(x+3)} = \lim_{x\to 2}\frac{x+2}{x+3} = \boxed{\frac{4}{5}}$
(2) $\lim_{\theta\to 0}\frac{\tan 3\theta}{\tan 4\theta} = \lim_{\theta\to 0}\frac{\sin 3\theta}{3\theta}\frac{4\theta}{\sin 4\theta}\frac{\cos 4\theta}{\cos 3\theta}\frac{3}{4} = \boxed{\frac{3}{4}}$
(3) $\lim_{x\to 0}\frac{1-\cos^2 x}{x^2} = \lim_{x\to 0}\left(\frac{\sin x}{x}\right)^2 = \boxed{1}$

[1.2]　$|x| > 1$ のとき $f(x) = 1/x$. $|x| < 1$ のとき $f(x) = ax^3 + bx^2$ となるから，
$x \to 1$ では $(1+a+b)/2 = 1 = a+b$.
$x \to -1$ では $(-1-a+b)/2 = -a+b = -1$. したがって $\boxed{a=1, b=0}$

[1.3]　(1) $yx - y = x \to x = y/(y-1) \to \boxed{y = x/(x-1)}$
(2) $a^{2x} - 2ya^x + 1 = 0 \to a^x = y \pm \sqrt{y^2-1} \to x = \log_a(y \pm \sqrt{y^2-1})$
$\to \boxed{y = \log_a(x \pm \sqrt{x^2-1})}$

[1.4]　主値を考える．(1) $\cos^{-1}(-1/\sqrt{2}) = 3\pi/4, \tan^{-1}(-\sqrt{3}) = -\pi/3$ より $\boxed{5\pi/12}$
(2) $\sin^{-1}4/5 = \alpha, \sin^{-1}5/13 = \beta$ とおくと，$\cos\alpha = \sqrt{1-\sin^2\alpha} = 3/5$,
$\cos\beta = \sqrt{1-\sin^2\beta} = 12/13, \cos(\alpha+\beta) = \cos\alpha\cos\beta - \sin\alpha\sin\beta$
$= (3/5)(12/13) - (4/5)(5/13) = \boxed{16/65}$

[1.5]　$\tan(\tan^{-1}(1/2) + \tan^{-1} x) = \frac{\tan(\tan^{-1}(1/2)) + \tan(\tan^{-1} x)}{1 - \tan(\tan^{-1}(1/2))\tan(\tan^{-1} x)} = \frac{(1/2)+x}{1-x/2} = \tan\frac{\pi}{4}$
$= 1$ より $\boxed{x = 1/3}$

第2章

問 2.1 (1) $\lim_{h\to 0} \frac{(x+h)^2-x^2}{h} = \lim_{h\to 0}(2x+h) = \boxed{2x}$

(2) $\lim_{h\to 0} \frac{(x+h)^4+3(x+h)^3-x^4-3x^3}{h} = \lim_{h\to 0}(4x^3h+6x^2h^2+4xh^3+h^4 +3(3x^2h+3xh^2+h^3))/h = \boxed{4x^3+9x^2}$

問 2.2 $(pqr)' = (pq)'r + (pq)r' = (p'q+pq')r + pqr' = p'qr + pq'r + pqr'$

問 2.3 (1) $(e^{x^2+2x})' = e^{x^2+2x}(x^2+2x)' = 2(x+1)e^{x^2+2x}$

(2) $\log(\sin 2x)' = \frac{1}{\sin 2x}(\sin 2x)' = \frac{\cos 2x}{\sin 2x}(2x)' = \frac{2\cos 2x}{\sin 2x}$

問 2.4 (1) $x = \cos y \to dx/dy = -\sin y = -\sqrt{1-\cos^2 y} = -\sqrt{1-x^2}$
$\to dy/dx = \boxed{-1/\sqrt{1-x^2}}$

(2) $x = \tan y \to dx/dy = \sec^2 y = 1 + \tan^2 y = 1 + x^2$
$\to dy/dx = \boxed{1/(1+x^2)}$

問 2.5 $f(a+h) - f(a) = (a+h)^2 - a^2 = 2ah + h^2;\ hf'(a+\theta h) = 2h(a+\theta h)$
$\to \theta = \boxed{1/2}$

問 2.6 (1) $y' = 3x^2 - 4 = 0 \to x = -2/\sqrt{3}\,(y = 16\sqrt{3}/9),$
$x = 2/\sqrt{3}\,(y = -16\sqrt{3}/9).$

(2) $y' = e^x - e^{-x} = 0 \to x = 0\ (y=2).$ (3) $y' = \frac{2x}{1+x^2} \to x = 0\ (y=0)$

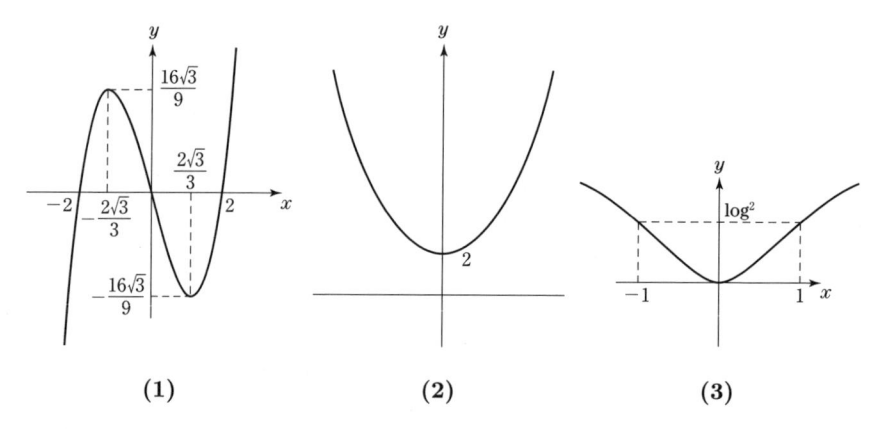

(1)　　　　　　　(2)　　　　　　　(3)

章末問題

[2.1] (1) $y' = (3x^2+2)\sqrt{2-x^2} + (x^3+2x)\frac{-2x}{2\sqrt{2-x^2}} = \boxed{\frac{2}{\sqrt{2-x^2}}(2+x^2-2x^4)}$

(2) $y' = \frac{2(x^2-3x+2)-(2x-3)(2x+3)}{(x^2-3x+2)^2} = \boxed{\frac{-2x^2-6x+13}{(x^2-3x+2)^2}}$

(3) $y' = \frac{x+\sqrt{a^2-x^2}-x(1-x/\sqrt{a^2-x^2})}{(x+\sqrt{a^2-x^2})^2} = \boxed{\frac{a^2}{\sqrt{a^2-x^2}(x+\sqrt{a^2-x^2})^2}}$

(4) $y' = \frac{1}{2}\sqrt{\frac{1-\sin x}{1+\sin x}}\left(\frac{1+\sin x}{1-\sin x}\right)' = \boxed{\frac{\cos x}{(1-\sin x)^2}\sqrt{\frac{1-\sin x}{1+\sin x}}}$

(5) $y' = \frac{1}{\log x}(\log x)' = \boxed{\frac{1}{x\log x}}$

[2.2] $\frac{d}{dx}(\log y) = \frac{dy}{dx}\frac{d}{dy}\log y = \frac{1}{y}\frac{dy}{dx} = g'$ より $\frac{dy}{dx} = yg'$

[2.3] (1) $\log y = 2\log(x+2) - 2\log(x+3) - 2\log(x+4) \to \frac{1}{y}\frac{dy}{dx} = \frac{2}{x+2} - \frac{2}{x+3} - \frac{2}{x+4}$.

$\frac{dy}{dx} = 2\left(\frac{x+2}{(x+3)^2(x+4)^2} - \frac{(x+2)^2}{(x+3)^3(x+4)^2} - \frac{(x+2)^2}{(x+3)^2(x+4)^3}\right) = \boxed{-\frac{2(x+2)(x^2+4x+2)}{(x+3)^3(x+4)^3}}$

(2) $\log y = \frac{1}{2}(\log(x-a) + \log(x-b) - \log(x-c) - \log(x-d))$.

$\frac{dy}{dx} = \frac{y}{2}\left(\frac{1}{x-a} + \frac{1}{x-b} - \frac{1}{x-c} - \frac{1}{x-d}\right)$

$= \boxed{\frac{1}{2}\frac{(a+b-c-d)x^2 + 2(cd-ab)x + ab(c+d) - cd(a+b)}{\sqrt{(x-a)(x-b)(x-c)^3(x-d)^3}}}$

(3) $\log y = x\log x$. $dy/dx = y(\log x + 1) = \boxed{x^x(\log x + 1)}$

[2.4] (1) 傾きが $f'(x_1)$ で点 $(x_1, f(x_1))$ を通るから,$y - f(x_1) = f'(x_1)(x - x_1)$

(2) $\frac{x}{2} + \frac{y}{4}\frac{dy}{dx} = 0, \frac{dy}{dx} = -\frac{2x}{y}$. $x = 1$ のとき,$y = \pm\sqrt{6} \to \frac{dy}{dx} = \mp\frac{\sqrt{6}}{3}$

$\to \boxed{y = -\frac{\sqrt{6}}{3}x + \frac{4}{3}\sqrt{6}, y = \frac{\sqrt{6}}{3}x - \frac{4}{3}\sqrt{6}}$

[2.5] 弦を見込む角を $x(0 \le x < 2\pi)$,円の半径を r とすれば,面積 S は,
$S = \frac{1}{2}r^2 x - \frac{1}{2}r^2\sin x = \frac{a^2}{2}\left(\frac{1}{x} - \frac{\sin x}{x^2}\right)$. ただし,$rx = a$ を用いて r を消去している.$\frac{dS}{dx} = \frac{a^2}{2}\left(-\frac{1}{x^2} - \frac{\cos x}{x^2} + \frac{2\sin x}{x^3}\right) = \frac{2a^2\cos(x/2)}{x^3}\left(\sin\frac{x}{2} - \frac{x}{2}\cos\frac{x}{2}\right)$.
$x = \pi$ のとき,$dS/dx = 0$ となり,そのとき最大値 $\boxed{a^2/(2\pi)}$ をとる.

[2.6] $y = (x+2)^2(x-1)^{2/3}$. $y' = 2(x+2)(x-1)^{2/3} + (2/3)(x-1)^{-1/3}(x+2)^2$
$= (2/3)(x-1)^{-1/3}(x+2)(4x-1)$. $y' = 0 \to x = -2, y(-2) = 0$.
$x = 1/4, y(1/4) = (81/16)(9/16)^{1/3}$. $f'(1) = \pm\infty$

$\boxed{a < 0 \text{ のとき } 0.\ a = 0 \text{ のとき } 2.\ 0 < a < (81/16)(9/16)^{1/3} \text{ のとき } 4.}$
$\boxed{a = (81/16)(9/16)^{1/3} \text{ のとき } 3.\ a > (81/16)(9/16)^{1/3} \text{ のとき } 2}$

(グラフの概形は次頁の図を参照)

第3章

問 3.1 (1) $\int(x^2+1)(x-2)dx = \int(x^3 - 2x^2 + x - 2)dx = \boxed{\frac{x^4}{4} - \frac{2}{3}x^3 + \frac{x^2}{2} - 2x + C}$

(2) $\int\frac{x^2-3x+2}{x}dx = \int(x - 3 + \frac{2}{x})dx = \boxed{\frac{x^2}{2} - 3x + 2\log|x| + C}$

(3) $\int(x^{3/2} - 2x^{-1/2})dx = \boxed{\frac{2}{5}x^{5/2} - 4x^{1/2} + C}$

問 3.2 (1) $4 - 3x = t, dt = -3dx \to \int(4-3x)^4 dx = -\frac{1}{3}\int t^4 dt = -\frac{t^5}{15} + C$

$= \boxed{\frac{(3x-4)^5}{15} + C}$

(2) $\int\frac{x}{(x^2+1)^3}dx = \frac{1}{2}\int\frac{d(x^2+1)}{(x^2+1)^3} = \boxed{-\frac{1}{4(x^2+1)^2} + C}$

148 略　解

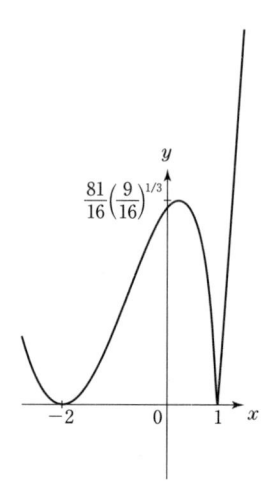

$\frac{81}{16}\left(\frac{9}{16}\right)^{1/3}$

図　章末問題 [2.6]

(3) $t = \sin 2x, dt = 2\cos 2x dx$,
$\int \frac{\cos^3 2x}{\sin^4 2x}dx = \frac{1}{2}\int \frac{1-t^2}{t^4}dt = \frac{1}{2}\left(-\frac{1}{3t^3}+\frac{1}{t}\right)+C = \frac{1}{2}\left(\frac{1}{\sin 2x}-\frac{1}{3\sin^3 2x}\right)+C$

問 3.3 (1) $\int x\tan^{-1}x dx = \frac{x^2}{2}\tan^{-1}x - \int \frac{1}{2}\frac{x^2 dx}{1+x^2}$
$= \frac{x^2}{2}\tan^{-1}x - \frac{1}{2}\int\left(1-\frac{1}{1+x^2}\right)dx = \frac{1}{2}(x^2+1)\tan^{-1}x - \frac{x}{2}+C$

(2) $\int \sin x \log(\cos x)dx = -\cos x \log(\cos x) + \int \cos x\left(\frac{-\sin x}{\cos x}\right)dx$
$= -\cos x \log(\cos x) - \int \sin x dx = (1-\log(\cos x))\cos x + C$

(3) $\int \sin^{-1}x dx = x\sin^{-1}x - \int \frac{x}{\sqrt{1-x^2}}dx = x\sin^{-1}x + \sqrt{1-x^2}+C$

問 3.4 (1) $\frac{1}{(x-2)^2(x-1)} = \frac{1}{x-1} - \frac{1}{x-2} + \frac{1}{(x-2)^2}$
$\to \int \frac{dx}{(x-2)^2(x-1)} = \log|x-1| - \log|x-2| - \frac{1}{x-2}+C$

(2) $\sqrt{x-1}=t$ とおくと $\int \frac{dx}{x+\sqrt{x-1}} = \int \frac{2t dt}{t^2+t+1} = \int \frac{(2t+1)dt}{t^2+t+1} - \int \frac{dt}{\left(t+\frac{1}{2}\right)^2+\left(\frac{\sqrt{3}}{2}\right)^2}$
$= \log(t^2+t+1) - \frac{2}{\sqrt{3}}\tan^{-1}\frac{2t+1}{\sqrt{3}} = \log(x+\sqrt{x-1}) - \frac{2}{\sqrt{3}}\tan^{-1}\frac{2\sqrt{x-1}+1}{\sqrt{3}}$

問 3.5 (1) $\sqrt{1-x}=t$ とおくと, $dt/dx = -1/(2\sqrt{1-x}) = -1/2t$. $dx = -2t dt$.
$\int_{-1}^{1}x\sqrt{1-x}dx = \int_{\sqrt{2}}^{0}(1-t^2)t(-2t dt) = 2\left[\frac{t^5}{5}-\frac{t^3}{3}\right]_{\sqrt{2}}^{0} = -\frac{4\sqrt{2}}{15}$

(2) $\int_0^\infty e^{-x}\cos 2x dx = \left[-e^{-x}\cos 2x\right]_0^\infty - 2\int_0^\infty e^{-x}\sin 2x dx$
$= 1 + 2\left[e^{-x}\sin 2x\right]_0^\infty - 4\int_0^\infty e^{-x}\cos 2x dx \to \int_0^\infty e^{-x}\cos 2x dx = \frac{1}{5}$

問 3.6 $S = \int_0^a (ax-x^2)dx = \left[\frac{a}{2}x^2 - \frac{x^3}{3}\right]_0^a = \frac{a^3}{6}$

略　解　　　　149

問 3.7　$dx/d\theta = -3a\cos^2\theta\sin\theta < 0 \quad (0 < \theta < \pi/2)$
$S = -4\int_0^{\pi/2} a\sin^3\theta(-3a\cos^2\theta\sin\theta)d\theta = 12a^2\int_0^{\pi/2}(\sin^4\theta - \sin^6\theta)d\theta$
$= \boxed{\frac{3}{8}\pi a^2}$ ($\int_0^{\pi/2}\sin^n\theta d\theta$ の計算は章末問題 [3.6] 参照)

問 3.8　$x^2/(a\sqrt{z})^2 + y^2/(b\sqrt{z})^2 = 1 \to S = \pi a\sqrt{z}\, b\sqrt{z} = \pi abz$
$V = \int_0^c S dz = \int_0^c \pi abz dz = \pi ab \left[\frac{z^2}{2}\right]_0^c = \boxed{\frac{\pi abc^2}{2}}$

問 3.9　$y = (b-a)x/h + a \quad (0 \leq x \leq h)$ を x 軸まわりに回転
$V = \pi\int_0^h \left(\frac{b-a}{h}x + a\right)^2 dx = \pi\left[\frac{(b-a)^2}{h^2}\frac{x^3}{3} + \frac{a(b-a)}{h}x^2 + a^2 x\right]_0^h$
$= \boxed{\frac{\pi h}{3}(a^2 + ab + b^2)}$

章末問題

[3.1]　(1) $\int \frac{x^3+2}{x+1}dx = \int\left(x^2 - x + 1 + \frac{1}{x+1}\right)dx = \boxed{\frac{x^3}{3} - \frac{x^2}{2} + x + \log|x+1| + C}$

(2) $\int(a^x + a^{-x})^2 dx = \int a^{2x}dx + 2\int dx + \int a^{-2x}dx$
$= \boxed{a^{2x}/(2\log a) + 2x - a^{-2x}/(2\log a) + C}$

(3) $\int(a-bx)^4 dx = (-1/b)\int(a-bx)^4 d(a-bx) = \boxed{-(a-bx)^5/5b + C}$

(4) $\int \sin^2 x \cos^3 x dx = \int \sin^2 x \cos^2 x d\sin x = \int \sin^2 x(1 - \sin^2 x)d\sin x$
$= \boxed{\sin^3 x/3 - \sin^5 x/5 + C}$

[3.2]　(1) $e^x = t \to dt/dx = e^x = t \to dt/t = dx$
$\int \frac{e^x+1}{e^x-1}dx = \int \frac{t+1}{t-1}\frac{dt}{t} = \int\left(\frac{2}{t-1} - \frac{1}{t}\right)dt = 2\log|t-1| - \log|t| + C$
$= \boxed{2\log|e^x - 1| - x + C}$

(2) $x^2 = t \to dt/dx = 2x \to xdx = dt/2$
$\int \frac{x}{\sqrt{1-x^4}}dx = \frac{1}{2}\int \frac{dt}{\sqrt{1-t^2}} = \frac{1}{2}\sin^{-1} t + C = \boxed{\frac{1}{2}\sin^{-1} x^2 + C}$

(3) $1 + \log x = t \to dt/dx = 1/x \to dx/x = dt$
$\int \frac{1+\log x}{x}dx = \int t dt = t^2/2 + C = \boxed{\frac{(1+\log x)^2}{2} + C}$

[3.3]　(1) $\int \sqrt{x^2 + a^2}dx = x\sqrt{x^2+a^2} - \int \frac{x^2+(a^2-a^2)}{\sqrt{x^2+a^2}}dx$
$= x\sqrt{x^2+a^2} - \int \sqrt{x^2+a^2}dx + a^2\int \frac{dx}{\sqrt{x^2+a^2}}$
$\to \int \sqrt{x^2+a^2}dx = \boxed{\frac{1}{2}(x\sqrt{x^2+a^2} + a^2\log(x + \sqrt{x^2+a^2})) + C}$

(2) $\int \sqrt{x^2 - a^2}dx = x\sqrt{x^2-a^2} - \int \frac{x^2+(a^2-a^2)}{\sqrt{x^2-a^2}}dx$
$= x\sqrt{x^2-a^2} - \int \sqrt{x^2-a^2}dx - a^2\int \frac{dx}{\sqrt{x^2-a^2}}$
$\to 2\int \sqrt{x^2-a^2}dx = \boxed{\frac{1}{2}(x\sqrt{x^2-a^2} - a^2\log|x + \sqrt{x^2-a^2}|) + C}$

[3.4]　(1) $\int \cos^n x dx = \int \cos^{n-1} x \cos x dx$
$= \sin x \cos^{n-1} x + (n-1)\int \cos^{n-2} \sin x \sin x dx$

$$= \sin x \cos^{n-1} x + (n-1) \int \cos^{n-2} x(1-\cos^2 x)dx$$
$$\to n \int \cos^n x dx = \sin x \cos^{n-1} x + (n-1) \int \cos^{n-2} x dx$$

(2) $\int (\log x)^n dx = x(\log x)^n - \int xn(\log x)^{n-1}(1/x)dx$
$= x(\log x)^n - n\int (\log x)^{n-1} dx$

(3) $\int \frac{dx}{(x^2+a^2)^n} = \frac{1}{a^2}\int \frac{dx}{(x^2+a^2)^{n-1}} - \frac{1}{a^2}\int \frac{x^2}{(x^2+a^2)^n} dx$
$= \frac{1}{a^2}\int \frac{dx}{(x^2+a^2)^{n-1}} - \frac{1}{a^2}\int \frac{x}{2} \cdot \frac{2x}{(x^2+a^2)^n} dx$
$= \frac{1}{a^2}\int \frac{dx}{(x^2+a^2)^{n-1}} + \frac{1}{a^2}\left(\frac{1}{2(n-1)} \frac{x}{(x^2+a^2)^{n-1}} - \frac{1}{2(n-1)}\int \frac{dx}{(x^2+a^2)^{n-1}}\right)$

[3.5] (1) $x = 1/t, dx/dt = -1/t^2 \to dx = -dt/t^2$
$\int_1^3 \frac{dx}{x\sqrt{3x-x^2}} = -\int_1^{1/3} \frac{1}{(1/t)\sqrt{3/t-1/t^2}} \frac{dt}{t^2} = \int_{1/3}^1 \frac{dt}{\sqrt{3t-1}} = \frac{2}{3}\left[\sqrt{3t-1}\right]_{1/3}^1$
$= \boxed{\frac{2\sqrt{2}}{3}}$

(2) $\int_0^1 x^n \log x dx = \left[\frac{x^{n+1}}{n+1} \log x\right]_0^1 - \frac{1}{n+1}\int_0^1 \frac{x^{n+1}}{x} dx = -\frac{1}{(n+1)^2}[x^{n+1}]_0^1$
$= \boxed{-\frac{1}{(n+1)^2}}$ (ただし $\lim_{x\to 0} x^{n+1}\log x = 0$ を用いた)

(3) $\int_0^\infty e^{-x^2} x^3 dx = \frac{1}{2}\int_0^\infty e^{-x^2} x^2 dx^2 = \frac{1}{2}\left[-e^{-x^2} x^2\right]_0^\infty + \frac{1}{2}\int_0^\infty e^{-x^2} dx^2$
$= \frac{1}{2}\left[-e^{-x^2}\right]_0^\infty = \boxed{\frac{1}{2}}$

[3.6] (1) $I_n = \int_0^\infty e^{-x} x^n dx = \left[-x^n e^{-x}\right]_0^\infty + n\int_0^\infty x^{n-1} e^{-x} dx = nI_{n-1}$

(2) $I_m = \int_0^{\pi/2} \sin^m x dx$
$= \left[-\sin^{m-1} x \cos x\right]_0^{\pi/2} + (m-1)\int_0^{\pi/2} \sin^{m-2} x \cos^2 x dx$
$= (m-1)\int_0^{\pi/2} \sin^{m-2} x dx - (m-1)\int_0^{\pi/2} \sin^m x dx$
$= (m-1)I_{m-2} - (m-1)I_m$

(3) $I_{mn} = \int_0^{\pi/2} \sin^m x \cos^n x dx$
$= \left[\sin^{m+1} x \cos^{n-1} x\right]_0^{\pi/2} - \int_0^{\frac{\pi}{2}} \sin x(\sin^m x \cos^{n-1} x)' dx$
$= -m\int_0^{\frac{\pi}{2}} \sin^m x \cos^n x dx + (n-1)\int_0^{\frac{\pi}{2}} \sin^m x(1-\cos^2 x) \cos^{n-2} x dx$
$= -mI_{mn} + (n-1)I_{mn-2} - (n-1)I_{mn}$

[3.7] (1) $x^2 - 2 = x \to x = -1, x = 2.$ $\int_{-1}^2 (x-x^2+2)dx = \left[-\frac{x^3}{3} + \frac{x^2}{2} + 2x\right]_{-1}^2$
$= \boxed{\frac{9}{2}}$

(2) $x = \sqrt{y}, x = \sqrt{y-1} \to \pi\int_0^2 (\sqrt{y})^2 dy - \pi\int_1^2 (\sqrt{y-1})^2 dy$
$= \pi\left[\frac{y^2}{2}\right]_0^2 - \pi\left[\frac{y^2}{2} - y\right]_1^2 = \boxed{\frac{3\pi}{2}}$

略解　　　151

第 4 章

問 4.1 (1) $\frac{1}{R} = \lim_{n\to\infty} \frac{n!}{(n+1)!} = \lim_{n\to\infty} \frac{1}{n+1} = 0$ より $R = \infty$

(2) $\frac{1}{R} = \lim_{n\to\infty} \left|\frac{m(m-1)\cdots(m-n)}{(n+1)!} \frac{n!}{m(m-1)\cdots(m-n+1)}\right| = \lim_{n\to\infty} \left|\frac{m-n}{n+1}\right|$
$= 1$ より $R = 1$

問 4.2 (1) $(\sin x)' = \cos x, (\sin x)'' = -\sin x, (\sin x)^{(3)} = -\cos x, (\sin x)^{(4)}$
$= \sin x$ に $x = 0$ を代入して，$\sin x = x - x^3/3! + x^5/5! - \cdots$

(2) $(\cos x)' = -\sin x, (\cos x)'' = -\cos x, (\cos x)^{(3)} = \sin x, (\cos x)^{(4)}$
$= \cos x$ に $x = 0$ を代入して，$\cos x = 1 - x^2/2! + x^4/4! - \cdots$

問 4.3 (1) $\frac{1}{8-x^3} = \frac{1}{8} \frac{1}{1-(x/2)^3} = \frac{1}{8}\left(1 + \frac{x^3}{2^3} + \frac{x^6}{2^6} + \cdots\right)$

(2) $\log(1-x^2) = -x^2 - x^4/2 - x^6/3 - x^8/4 - \cdots$ （例題 4.8(2) において $x \to (-x^2)$ とする）

章末問題

[4.1] (1) $\frac{1}{(2n-1)^3} < \frac{1}{(2n-2)^3} = \frac{1}{8}\frac{1}{(n-1)^3} \to \sum \frac{1}{(2n-1)^3} < \frac{1}{8}\sum\frac{1}{(n-1)^3}$ で右辺は収束するため，左辺も収束

(2) $\frac{1}{\sqrt{2n-1}} > \frac{1}{\sqrt{2}}\frac{1}{\sqrt{n}} \to \sum \frac{1}{\sqrt{2n-1}} > \frac{1}{\sqrt{2}}\sum\frac{1}{n^{1/2}}$ で右辺が発散するため，左辺も発散

(3) $\frac{a_{n+1}}{a_n} = \frac{(n+1)^2/4^{n+1}}{n^2/4^n} = \frac{1}{4}\left(1 + \frac{1}{n}\right)^2 \to \frac{1}{4}$ より収束

[4.2] $(fg)^{(n+1)} = ((fg)^{(n)})' = (fg^{(n)} + \cdots + f^{(n)}g)'$
$= (fg^{(n+1)} + \cdots + f^{(n)}g') + (f'g^{(n)} + \cdots + f^{(n+1)}g)$
$= fg^{(n+1)} + (_nC_1 +_n C_0)f'g^{(n)} + \cdots + (_nC_{r+1} +_n C_r)f^{(r)}g^{(n-r+1)} + \cdots$
$+ (_nC_n +_n C_{n-1})f^{(n)}g' + f^{(n+1)}g$
ここで，$_nC_{r+1} +_n C_r = \frac{n(n-1)\cdots(n-(r+1)+1)}{(r+1)!} + \frac{n(n-1)\cdots(n-r+1)}{r!}$
$= \frac{n\cdots(n-r+1)(n-(r+1)+1+r+1)}{(r+1)!} \frac{(n+1)n\cdots(n+1-(r+1)+1)}{(r+1)!} =_{n+1}C_{r+1}$

[4.3] (1) $\frac{1}{x^2-3x+2} = \frac{1}{x-2} - \frac{1}{x-1} = \frac{1}{1-x} - \frac{1}{2}\frac{1}{1-x/2} = 1 + x + x^2 + \cdots$
$- \frac{1}{2}\left(1 + \frac{x}{2} + \frac{x^2}{2^2} + \cdots\right) = \left(1 - \frac{1}{2}\right) + \left(1 - \frac{1}{2^2}\right)x + \left(1 - \frac{1}{2^3}\right)x^2 + \cdots$

(2) $\sin x^2 = \frac{(x^2)}{1!} - \frac{(x^2)^3}{3!} + \frac{(x^2)^5}{5!} - \cdots = x^2 - \frac{x^6}{3!} + \frac{x^{10}}{5!} - \frac{x^{14}}{7!} + \cdots$

(3) $a^x = e^{x\log a} = 1 + (\log a)x + \frac{(\log a)^2}{2!}x^2 + \cdots$

(4) $\frac{1}{2}\log\frac{1+x}{1-x} = \frac{1}{2}(\log(1+x) - \log(1-x))$
$= \frac{1}{2}\left[\left(x - \frac{x^2}{2} + \frac{x^3}{3} - \cdots\right) - \left((-x) - \frac{(-x)^2}{2} + \frac{(-x)^3}{3} - \cdots\right)\right]$
$= x + \frac{x^3}{3} + \frac{x^5}{5} + \cdots$

[4.4] (1) $\frac{1}{x-3} = -\frac{1}{1-(x-2)} = -1-(x-2)-(x-2)^2-\cdots$

(2) $\frac{1}{x(x-2)} = -\frac{1}{(1+(x-1))(1-(x-1))} = -\frac{1}{1-(x-1)^2}$
$= -1-(x-1)^2-(x-1)^4-\cdots$

[4.5] $\cos 3x + a\cos x + b = 1 - \frac{(3x)^2}{2!} + \frac{(3x)^4}{4!} - \cdots + a - \frac{ax^2}{2!} + \frac{ax^4}{4!} - \cdots + b$
$= (1+a+b) - (a+9)x^2/2! + (a+81)x^4/4! - \cdots \to 1+a+b=0, a+9=0$
$\to a=-9, b=8$. 極限値は $(a+81)/4! = 3$

[4.6] 2項定理から
$\sqrt{1-k^2\sin^2 x} = 1 - \frac{k^2}{2}\sin^2 x - \cdots - \frac{1\cdot 3\cdots(2n-3)}{2\cdot 4\cdots(2n-2)}\frac{k^{2n}\sin^{2n} x}{2n} - \cdots$
$\lim_{n\to\infty}\frac{a_{n+1}}{a_n} = k^2 < 1$ より収束,また $\int_0^{\pi/2}\sin^{2n}x\,dx = \frac{2n-1}{2n}\cdot\frac{2n-3}{2n-2}\cdots\frac{3}{4}\cdot\frac{1}{2}\cdot\frac{\pi}{2}$. $\int_0^{\pi/2}\sqrt{1-k^2\sin^2 x}\,dx = \frac{\pi}{2}\left(1 - \left(\frac{1}{2}\right)^2 k^2 - \left(\frac{1\cdot 3}{2\cdot 4}\right)^2\frac{k^4}{3} - \cdots \right.$
$\left. - \left(\frac{1\cdot 3\cdots(2n-1)}{2\cdot 4\cdots(2n)}\right)^2\frac{k^{2n}}{2n-1} - \cdots\right)$

第5章

問 5.1 (1) $u_x = -e^{-x}\sin 2y$, $u_y = 2e^{-x}\cos 2y$

(2) $u = \frac{\log y}{\log x}$, $u_x = -\frac{1}{x}\frac{\log y}{(\log x)^2}$, $u_y = \frac{1}{y\log x}$

問 5.2 $u_x = -(2x/2)(x^2+y^2+z^2)^{-3/2} = -x(x^2+y^2+z^2)^{-3/2}$
$u_{xx} = -(x^2+y^2+z^2)^{-3/2} + 3x^2(x^2+y^2+z^2)^{-5/2}$
$= (x^2+y^2+z^2)^{-5/2}(2x^2-y^2-z^2)$

問 5.3 $\frac{dz}{dt} = \frac{\partial z}{\partial x}\frac{dx}{dt} + \frac{\partial z}{\partial y}\frac{dy}{dt} = \frac{\partial z}{\partial x}\left(\frac{dr}{dt}\cos\theta - r\sin\theta\frac{d\theta}{dt}\right) + \frac{\partial z}{\partial y}\left(\frac{dr}{dt}\sin\theta + r\cos\theta\frac{d\theta}{dt}\right)$

問 5.4 $u_x = 2x+y, u_y = x+4y, u_{xx}=2, u_{xy}=1, u_{yy}=4, AC-B^2 = 8-1$
$= 7 > 0$. $u_x = u_y = 0 \to x=y=0, A>0$ より $x=y=0$ のとき極小値

問 5.5 $f_x = 3x^2-3y, f_y = 3y^2-3x \to dy/dx = -f_x/f_y = -(x^2-y)/(y^2-x)$

章末問題

[5.1] $u_x = \frac{y^2-x^2}{(x^2+y^2)^2}, u_y = -\frac{2xy}{(x^2+y^2)^2}, u_{xy} = \frac{6x^2y-2y^3}{(x^2+y^2)^3}$
$u_{xx} = \frac{2x^3-6xy^2}{(x^2+y^2)^3}, u_{yy} = \frac{2x^3-6xy^2}{(x^2+y^2)^3}, u_{xx} + u_{yy} = 0$

[5.2] $xt=u, yt=v$ とおくと $f(u,v) = t^n f(x,y)$ となり,これを t で r 回微分すれば式 (5.10) を参照して $\left(x\frac{\partial}{\partial u} + y\frac{\partial}{\partial v}\right)^r f(u,v) = n(n-1)\cdots(n-r+1)t^{n-r}f(x,y)$ となり,$t=1$ とおく

[5.3] 円の中心を O, 半径を a, 内接三角形を ABC, 面積を S, 角 AOB$=x$, 角 AOC$=y$ とおく (x, y は鋭角とする). このとき,$S = (a^2/2)(\sin x + \sin y - \sin(x+y))$ となり,$x=y=\pi/3$ のとき最大値をとる. すなわち,正三角形のとき最大.

[5.4]　点 P の座標を (x_1, y_1, z_1) とする．$u = (x-x_1)^2 + (y-y_1)^2 + (z-z_1)^2 + \lambda(ax+by+cz+d)$ とおいて $(x-x_1)^2 + (y-y_1)^2 + (z-z_1)^2$ の最小値をラグランジュの未定乗数法により求めると $(ax_1 + by_1 + cz_1 + d)/\sqrt{a^2+b^2+c^2}$

第 6 章

問 **6.1**　(1) $\iint e^{-(x+y)} dA = \int_0^a e^{-x} dx \int_0^b e^{-y} dy = [-e^{-x}]_0^a [-e^{-y}]_0^b$
$= (1-e^{-a})(1-e^{-b})$

(2) $\iint (x+y)^2 dA = \int_0^b \left[\int_0^a (x^2 + 2xy + y^2) dx\right] dy$
$= \int_0^b \left(\frac{a^3}{3} + a^2 y + a y^2\right) dy = \frac{a^3 b}{3} + \frac{a^2 b^2}{2} + \frac{a b^3}{3}$

問 **6.2**　(1) $\iint y^3 dxdy = \int_0^1 dx \int_0^{1-x} y^3 dy = \frac{1}{4}\int_0^1 (1-x)^4 dx = \frac{1}{20}$

(2) $\iint xy \, dxdy = \int_0^1 \left(\int_{x^2}^{\sqrt{x}} y \, dy\right) x \, dx = \int_0^1 \left[\frac{y^2}{2}\right]_{x^2}^{\sqrt{x}} x \, dx = \int_0^1 \left(\frac{x^2}{2} - \frac{x^5}{2}\right) dx$
$= \frac{1}{12}$

章末問題

[6.1]　(1) $I = \int_0^a \left[\frac{x^2 y^2}{2} + \frac{xy^3}{3}\right]_0^b dx = \int_0^a \left(\frac{b^2 x^2}{2} + \frac{b^3 x}{3}\right) dx = \left[\frac{b^2 x^3}{6} + \frac{b^3 x^2}{6}\right]_0^a$
$= \frac{a^3 b^2 + a^2 b^3}{6}$

(2) $I = \int_0^\pi \left[\frac{r^3}{3}\right]_0^{a(1-\cos\theta)} \sin\theta \, d\theta = \frac{a^3}{3}\int_0^\pi (1-\cos\theta)^3 d(1-\cos\theta)$
$= \frac{a^3}{12}\left[(1-\cos\theta)^4\right]_0^\pi = \frac{4}{3} a^3$

[6.2]　(1) $I = \int_0^a x^2 dx \int_0^{\sqrt{a^2-x^2}/2} y \, dy = \int_0^a x^2 \left[\frac{y^2}{2}\right]_0^{\sqrt{a^2-x^2}/2} dx$
$= \int_0^a \frac{x^2 (a^2-x^2)}{8} dx = \frac{a^5}{60}$

(2) $I = \int_0^1 x \, dx \int_{\sqrt{1-x^2}}^{x+2} y \, dy = \frac{1}{2}\int_0^1 \left[y^2\right]_{\sqrt{1-x^2}}^{x+2} x \, dx$
$= \frac{1}{2}\int_0^1 ((x+2)^2 - (1-x^2)) x \, dx = \frac{1}{2}\int_0^1 (2x^3 + 4x^2 + 3x) dx = \frac{10}{3}$

[6.3]　$dxdy = rdrd\theta$ で第 1 象限では $0 < \theta < \pi/2, 0 < r < \infty$
$I^2 = 4\int_0^\infty \int_0^\infty e^{-(x^2+y^2)} dxdy = 4\int_0^{\pi/2} d\theta \int_0^\infty e^{-r^2} r \, dr = 4 \times \frac{\pi}{2}\left[-\frac{e^{-r^2}}{2}\right]_0^\infty$
$= \pi \to I = \sqrt{\pi}$

[6.4]　x-z 面に関して対称なので $y \geq 0$ の部分を考えて 2 倍する．図 6.7 を参考にして $x = r\cos\theta, \, y = r\sin\theta$ とおくと，放物面は $z = 1 - r^2$ であり，円柱面は $r = \cos\theta$ となる．したがって
$\frac{V}{2} = \int_0^{\pi/2} d\theta \int_0^{\cos\theta} (1-r^2) r \, dr = \frac{1}{4}\int_0^{\pi/2} (2\cos^2\theta - \cos^4\theta) d\theta = \frac{1}{4}\left(\frac{\pi}{2} - \frac{3\pi}{16}\right)$
$\to V = \frac{5\pi}{32}$

[6.5] 対称性から $\bar{x}=\bar{y}=0$, 極座標 $x=r\cos\theta$, $y=r\sin\theta$ を用いると球は $z=\sqrt{1-r^2}$. また $dV = rdrd\theta dz$ より, $\bar{z} = \frac{1}{V}\iiint z dV$
$= \frac{1}{(2/3)\pi}\int_0^{2\pi}d\theta\int_0^1 rdr\int_0^{\sqrt{1-r^2}}zdz = \frac{\pi}{(2/3)\pi}\int_0^1(1-r^2)rdr = \frac{3}{8}$,
したがって $\boxed{(0,0,\frac{3}{8})}$

第7章

問 7.1 $\boldsymbol{A}' = \boxed{-2e^{-2u}\boldsymbol{i} + \cos u\boldsymbol{j} + \sinh u\boldsymbol{k}}$, $\boldsymbol{A}'' = \boxed{4e^{-2u}\boldsymbol{i} - \sin u\boldsymbol{j} + \cosh u\boldsymbol{k}}$

問 7.2 $\int \boldsymbol{A}du = \boxed{\left(\frac{u^3}{3}-\frac{u^2}{2}\right)\boldsymbol{i} + \frac{u^4}{2}\boldsymbol{j} + \frac{3u^2}{2}\boldsymbol{k} + \boldsymbol{K}}$ ($\boldsymbol{K}$: 任意の定数ベクトル),
$\int_0^1 \boldsymbol{A}du = \boxed{-\frac{1}{6}\boldsymbol{i} + \frac{1}{2}\boldsymbol{j} + \frac{3}{2}\boldsymbol{k}}$

問 7.3 $x=t^2, y=2\sin t, z=2\cos t \to x'=2t, y'=2\cos t, z'=-2\sin t$
$\to \sqrt{(x')^2+(y')^2+(z')^2} = 2\sqrt{t^2+1}$
$s = 2\int_0^1\sqrt{1+t^2}dt = \left[t\sqrt{t^2+1}+\log(t+\sqrt{t^2+1})\right]_0^1 = \boxed{\sqrt{2}+\log(1+\sqrt{2})}$

問 7.4 $\boldsymbol{r} = t\boldsymbol{i} + (t^2/2)\boldsymbol{j} + 2t\boldsymbol{k}, d\boldsymbol{r}/dt = \boldsymbol{i}+t\boldsymbol{j}+2\boldsymbol{k}, ds=\sqrt{5+t^2}dt$,
$ds/dt = \sqrt{5+t^2}$
$\boldsymbol{t} = \boxed{\frac{1}{\sqrt{5+t^2}}(\boldsymbol{i}+t\boldsymbol{j}+2\boldsymbol{k})}, \frac{d\boldsymbol{t}}{dt} = \boxed{\frac{1}{(5+t^2)^{3/2}}(-t\boldsymbol{i}+5\boldsymbol{j}-2t\boldsymbol{k})}$
$\frac{d\boldsymbol{t}}{ds} = \boxed{\frac{-t\boldsymbol{i}+5\boldsymbol{j}-2t\boldsymbol{k}}{(5+t^2)^2}}, \quad \kappa = \left|\frac{d\boldsymbol{t}}{ds}\right| = \boxed{\sqrt{\frac{5}{(5+t^2)^3}}}$

問 7.5 $\partial \boldsymbol{r}/\partial u = \cos v\boldsymbol{i} + \sin v\boldsymbol{j}, \partial \boldsymbol{r}/\partial v = -u\sin v\boldsymbol{i} + u\cos v\boldsymbol{j} + 2v\boldsymbol{k}$

$\left|\frac{\partial \boldsymbol{r}}{\partial u} \times \frac{\partial \boldsymbol{r}}{\partial v}\right| = \begin{vmatrix} \boldsymbol{i} & \boldsymbol{j} & \boldsymbol{k} \\ \cos v & \sin v & 0 \\ -u\sin v & u\cos v & 2v \end{vmatrix} = (2v\sin v)\boldsymbol{i} - (2v\cos v)\boldsymbol{j} + u\boldsymbol{k}$

$|dS| = \boxed{\sqrt{u^2+4v^2}dudv}$

章末問題

[7.1] (1) $\boldsymbol{A}\cdot\boldsymbol{B} = t\sin t - 2t^2\cos t - 3t^4$, $(\boldsymbol{A}\cdot\boldsymbol{B})' = \sin t + t\cos t - 4t\cos t$
$+2t^2\sin t - 12t^3 = \boxed{\sin t - 3t\cos t + 2t^2\sin t - 12t^3}$

(2) $\boldsymbol{A}\times\boldsymbol{B} = \begin{vmatrix} \boldsymbol{i} & \boldsymbol{j} & \boldsymbol{k} \\ t & 2t^2 & -3t^3 \\ \sin t & -\cos t & t \end{vmatrix} = (2t^3-3t^3\cos t)\boldsymbol{i} + (-3t^3\cos t - t^2)\boldsymbol{j}$
$+(-t\cos t - 2t^2\sin t)\boldsymbol{k}$
$(\boldsymbol{A}\times\boldsymbol{B})' = \boxed{3t^2(2-3\cos t + t\sin t)\boldsymbol{i} - t(9t\cos t - 3t\sin t + 2)\boldsymbol{j} - (\cos t}$
$\boxed{+3t\sin t + 2t^2\cos t)\boldsymbol{k}}$

(3) $|\boldsymbol{B}|^2 = \sin^2 t + \cos^2 t + t^2 = 1 + t^2 \to |\boldsymbol{B}^2|' = \boxed{2t}$

(4) $\int((\sin t)\boldsymbol{i} - (\cos t)\boldsymbol{j} + t\boldsymbol{k})dt = \boxed{-\cos t\boldsymbol{i} - \sin t\boldsymbol{j} + \frac{t^2}{2}\boldsymbol{k} + \boldsymbol{K}}$

(5) $\int_1^2 (t\boldsymbol{i} + 2t^2 \boldsymbol{j} - 3t^3 \boldsymbol{k}) dt = \left[\frac{t^2}{2}\right]_1^2 \boldsymbol{i} + \left[\frac{2}{3}t^3\right]_1^2 \boldsymbol{j} - \left[\frac{3}{4}t^4\right]_1^2 \boldsymbol{k} = \frac{3}{2}\boldsymbol{i} + \frac{14}{3}\boldsymbol{j} - \frac{45}{4}\boldsymbol{k}$

[7.2] (1) $(A_x B_x + A_y B_y + A_z B_z)'$
$= A'_x B_x + A'_y B_y + A'_z B_z + A_x B'_x + A_y B'_y + A_z B'_z = \boldsymbol{A}' \cdot \boldsymbol{B} + \boldsymbol{A} \cdot \boldsymbol{B}'$

(2) $(\boldsymbol{A} \times \boldsymbol{B})' = \begin{vmatrix} \boldsymbol{i} & \boldsymbol{j} & \boldsymbol{k} \\ A_x & A_y & A_z \\ B_x & B_y & B_z \end{vmatrix}'$

$= (A_y B_z - A_z B_y)' \boldsymbol{i} + (A_z B_x - A_x B_z)' \boldsymbol{j} + (A_x B_y - A_y B_x)' \boldsymbol{k}$

$= (A'_y B_z - A'_z B_y) \boldsymbol{i} + (A'_z B_x - A'_x B_z) \boldsymbol{j} + (A'_x B_y - A'_y B_x) \boldsymbol{k}$

$+ (A_y B'_z - A_z B'_y) \boldsymbol{i} + (A_z B'_x - A_x B'_z) \boldsymbol{j} + (A_x B'_y - A_y B'_x) \boldsymbol{k}$

$= \begin{vmatrix} \boldsymbol{i} & \boldsymbol{j} & \boldsymbol{k} \\ A'_x & A'_y & A'_z \\ B_x & B_y & B_z \end{vmatrix} + \begin{vmatrix} \boldsymbol{i} & \boldsymbol{j} & \boldsymbol{k} \\ A_x & A_y & A_z \\ B'_x & B'_y & B'_z \end{vmatrix} = \boldsymbol{A}' \times \boldsymbol{B} + \boldsymbol{A} \times \boldsymbol{B}'$

(3) (1) より $\boldsymbol{A} \cdot \boldsymbol{B}' = (\boldsymbol{A} \cdot \boldsymbol{B})' - \boldsymbol{A}' \cdot \boldsymbol{B}$ となるため両辺を積分する.

(4) (2) より $\boldsymbol{A} \times \boldsymbol{B}' = (\boldsymbol{A} \times \boldsymbol{B})' - \boldsymbol{A}' \times \boldsymbol{B}$ となるため両辺を積分する.

[7.3] $\frac{\partial^2 \boldsymbol{A}}{\partial t^2} = -\frac{\omega^2}{r} e^{i\omega(t-r/c)} \boldsymbol{K}$, $\frac{\partial \boldsymbol{A}}{\partial r} = \left[-\frac{1}{r^2} e^{i\omega(t-r/c)} - \frac{i\omega}{c} \frac{1}{r} e^{i\omega(t-r/c)}\right] \boldsymbol{K}$

$\frac{\partial^2 \boldsymbol{A}}{\partial r^2} = \left[2 \frac{1}{r^3} e^{i\omega(t-r/c)} + \frac{2i\omega}{c} \frac{1}{r^2} e^{i\omega(t-r/c)} - \frac{\omega^2}{c^2 r} e^{i\omega(t-r/c)}\right] \boldsymbol{K}$

$\frac{\partial^2 \boldsymbol{A}}{\partial r^2} + \frac{2}{r} \frac{\partial \boldsymbol{A}}{\partial r} = \left[\left(\frac{2}{r^3} + \frac{2i\omega}{cr^2} - \frac{\omega^2}{c^2 r}\right) e^{i\omega(t-r/c)} + \frac{2}{r} \left(-\frac{1}{r^2} - \frac{i\omega}{cr}\right) e^{i\omega(t-r/c)}\right] \boldsymbol{K}$

$= -\frac{\omega^2}{c^2 r} e^{i\omega(t-r/c)} \boldsymbol{K} = \frac{1}{c^2} \frac{\partial^2 \boldsymbol{A}}{\partial t^2}$. したがって **0** になる.

[7.4] 接線の傾きを θ とおくと, $dy/dx = \tan\theta$ より $\theta = \tan^{-1}(dy/dx)$.

$\frac{d\theta}{ds} = \frac{d\theta}{dx} \frac{dx}{ds} = \frac{(d/dx)(dy/dx)}{1 + (dy/dx)^2} \frac{1}{ds/dx}$

一方, $ds = \sqrt{(dx)^2 + (dy)^2}$ より $ds/dx = \sqrt{1 + (dy/dx)^2}$.

$\kappa = \left|\frac{d\theta}{ds}\right| = \pm \frac{d^2y/dx^2}{(1+(dy/dx)^2)^{3/2}}$

[7.5] (1) 曲面上の位置ベクトルは $\boldsymbol{r} = x\boldsymbol{i} + y\boldsymbol{j} + f(x,y)\boldsymbol{k}$ とおける. したがって,

$\frac{\partial \boldsymbol{r}}{\partial x} \times \frac{\partial \boldsymbol{r}}{\partial y} = (\boldsymbol{i} + f_x \boldsymbol{k}) \times (\boldsymbol{j} + f_y \boldsymbol{k}) = -f_x \boldsymbol{i} - f_y \boldsymbol{j} + \boldsymbol{k}$

$\boldsymbol{n} = \frac{\partial \boldsymbol{r}}{\partial x} \times \frac{\partial \boldsymbol{r}}{\partial y} / \left|\frac{\partial \boldsymbol{r}}{\partial x} \times \frac{\partial \boldsymbol{r}}{\partial y}\right| = \frac{-f_x \boldsymbol{i} - f_y \boldsymbol{j} + \boldsymbol{k}}{\sqrt{1 + f_x^2 + f_y^2}}$

(2) $\left|\frac{\partial \boldsymbol{r}}{\partial x} \times \frac{\partial \boldsymbol{r}}{\partial y}\right| = \sqrt{1 + f_x^2 + f_y^2}$ より $S = \iint_S \sqrt{1 + f_x^2 + f_y^2} dx dy$

第 8 章

問 **8.1** (1) $\nabla \varphi = (yz + 2z^2)\boldsymbol{i} + (xz)\boldsymbol{j} + (xy + 4xz)\boldsymbol{k}$

(2) $(-2+8)\boldsymbol{i} + 2\boldsymbol{j} + (-1+8)\boldsymbol{k} = 6\boldsymbol{i} + 2\boldsymbol{j} + 7\boldsymbol{k}$. $\frac{d\varphi}{dl} = (6\boldsymbol{i} + 2\boldsymbol{j} + 7\boldsymbol{k}) \cdot \left(\frac{2}{3}\boldsymbol{i} - \frac{1}{3}\boldsymbol{j} - \frac{2}{3}\boldsymbol{k}\right) = -\frac{4}{3}$

問 8.2 $\nabla \cdot \boldsymbol{A} = z - 4yz^2 + xy^2$, $\nabla(\nabla \cdot \boldsymbol{A}) = y^2\boldsymbol{i} + (-4z^2 + 2xy)\boldsymbol{j} + (1 - 8yz)\boldsymbol{k}$

問 8.3 $\nabla \times \boldsymbol{A} = \begin{vmatrix} \boldsymbol{i} & \boldsymbol{j} & \boldsymbol{k} \\ \partial/\partial x & \partial/\partial y & \partial/\partial z \\ xz^3 & 2xyz & 2yz^3 \end{vmatrix} = (2z^3 - 2xy)\boldsymbol{i} + (3xz^2)\boldsymbol{j} + (2yz)\boldsymbol{k}$

$\nabla \times (\nabla \times \boldsymbol{A}) = \begin{vmatrix} \boldsymbol{i} & \boldsymbol{j} & \boldsymbol{k} \\ \partial/\partial x & \partial/\partial y & \partial/\partial z \\ 2z^3 - 2xy & 3xz^2 & 2yz \end{vmatrix}$

$= (-6xz + 2z)\boldsymbol{i} + 6z^2\boldsymbol{j} + (-2x + 3z^2)\boldsymbol{k}$

問 8.4 C に沿って, $dx = dt, dy = 2tdt, dz = 3t^2dt$

$\int_C \boldsymbol{A} \cdot d\boldsymbol{r} = \int_C ((x^2+y)dx - 2yzdy + 3xz^2dz) = \int_0^1 (2t^2 - 4t^6 + 9t^9)dt = \frac{209}{210}$

章末問題

[8.1] $\boldsymbol{A} = 2xy^3\boldsymbol{i} + 3x^2yz\boldsymbol{j} - xyz^2\boldsymbol{k}$, $\varphi = x^2 - 3yz$

(1) $\nabla \cdot \boldsymbol{A} = 2y^3 + 3x^2z - 2xyz$, (2) $\nabla\varphi = 2x\boldsymbol{i} - 3z\boldsymbol{j} - 3y\boldsymbol{k}$

(3) $\nabla \cdot (\varphi\boldsymbol{A})$
$= \frac{\partial}{\partial x}(2x^3y^3 - 6xy^4z) + \frac{\partial}{\partial y}(3x^4yz - 9x^2y^2z^2) + \frac{\partial}{\partial z}(3xy^2z^3 - x^3yz^2)$
$= 6x^2y^3 - 6y^4z + 3x^4z - 18x^2yz^2 + 9xy^2z^2 - 2x^3yz$

(4) $\nabla \times \boldsymbol{A} = \begin{vmatrix} \boldsymbol{i} & \boldsymbol{j} & \boldsymbol{k} \\ \frac{\partial}{\partial x} & \frac{\partial}{\partial y} & \frac{\partial}{\partial z} \\ 2xy^3 & 3x^2yz & -xyz^2 \end{vmatrix}$

$= (-xz^2 - 3x^2y)\boldsymbol{i} + yz^2\boldsymbol{j} + (6xyz - 6xy^2)\boldsymbol{k}$

$\nabla \times (\nabla \times \boldsymbol{A}) = \begin{vmatrix} \boldsymbol{i} & \boldsymbol{j} & \boldsymbol{k} \\ \frac{\partial}{\partial x} & \frac{\partial}{\partial y} & \frac{\partial}{\partial z} \\ -xz^2 - 3x^2y & yz^2 & 6xyz - 6xy^2 \end{vmatrix}$

$= (6xz - 12xy - 2yz)\boldsymbol{i} + (-2xz - 6yz + 6y^2)\boldsymbol{j} + 3x^2\boldsymbol{k}$

(5) $\nabla(\nabla \cdot \boldsymbol{A}) = (6xz - 2yz)\boldsymbol{i} + (6y^2 - 2xz)\boldsymbol{j} + (3x^2 - 2xy)\boldsymbol{k}$

(6) $\nabla \times (\varphi\boldsymbol{A}) = \begin{vmatrix} \boldsymbol{i} & \boldsymbol{j} & \boldsymbol{k} \\ \frac{\partial}{\partial x} & \frac{\partial}{\partial y} & \frac{\partial}{\partial z} \\ 2x^3y^3 - 6xy^4z & 3x^4yz - 9x^2y^2z^2 & 3xy^2z^3 - x^3yz^2 \end{vmatrix}$

$= (6xyz^3 - x^3z^2 - 3x^4y + 18x^2y^2z)\boldsymbol{i} + (-6xy^4 - 3y^2z^3 + 3x^2yz^2)\boldsymbol{j}$
$+ (12x^3yz - 18xy^2z^2 - 6x^3y^2 + 24xy^3z)\boldsymbol{k}$

略　解　　　　　　　　　　　　　　　　　157

[8.2] (1) $\nabla \times (\nabla \times \boldsymbol{A}) = \begin{vmatrix} \boldsymbol{i} & \boldsymbol{j} & \boldsymbol{k} \\ \frac{\partial}{\partial x} & \frac{\partial}{\partial y} & \frac{\partial}{\partial z} \\ \frac{\partial A_z}{\partial y} - \frac{\partial A_y}{\partial z} & \frac{\partial A_x}{\partial z} - \frac{\partial A_z}{\partial x} & \frac{\partial A_y}{\partial x} - \frac{\partial A_x}{\partial y} \end{vmatrix}$

x 成分 $= \frac{\partial^2 A_y}{\partial x \partial y} - \frac{\partial^2 A_x}{\partial y^2} - \frac{\partial^2 A_x}{\partial z^2} + \frac{\partial^2 A_z}{\partial x \partial z} - \frac{\partial^2 A_x}{\partial x^2} + \frac{\partial^2 A_x}{\partial x^2}$

$= \frac{\partial}{\partial x}\left(\frac{\partial A_x}{\partial x} + \frac{\partial A_y}{\partial y} + \frac{\partial A_z}{\partial z}\right) - \left(\frac{\partial^2 A_x}{\partial x^2} + \frac{\partial^2 A_x}{\partial y^2} + \frac{\partial^2 A_x}{\partial z^2}\right)$

$= (\nabla(\nabla \cdot \boldsymbol{A}))_x - (\nabla^2 \boldsymbol{A})_x$

(2) $\nabla \cdot (\boldsymbol{A} \times \boldsymbol{B}) = \frac{\partial}{\partial x}(A_y B_z - A_z B_y) + \frac{\partial}{\partial y}(A_z B_x - A_x B_z) + \frac{\partial}{\partial z}(A_x B_y - A_y B_x)$

$= B_x\left(\frac{\partial A_z}{\partial y} - \frac{\partial A_y}{\partial z}\right) + B_y\left(\frac{\partial A_x}{\partial z} - \frac{\partial A_z}{\partial x}\right) + B_z\left(\frac{\partial A_y}{\partial x} - \frac{\partial A_x}{\partial y}\right)$

$- \left[A_x\left(\frac{\partial B_z}{\partial y} - \frac{\partial B_y}{\partial z}\right) + A_y\left(\frac{\partial B_x}{\partial z} - \frac{\partial B_z}{\partial x}\right) + A_z\left(\frac{\partial B_y}{\partial x} - \frac{\partial B_x}{\partial y}\right)\right]$

$= \boldsymbol{B} \cdot (\nabla \times \boldsymbol{A}) - \boldsymbol{A} \cdot (\nabla \times \boldsymbol{B})$

[8.3] (1) AB 上：$y = 0, ds = dx$. BC 上：$x = 1, ds = dy$ であるから

$\int_{\mathrm{ABC}} = \int_{\mathrm{AB}} + \int_{\mathrm{BC}} = \int_0^1 x^2 dx + \int_0^1 (1 + y + y^2) dy$

$= \left[\frac{x^3}{3}\right]_0^1 + \left[y + \frac{y^2}{2} + \frac{1}{3}y^3\right]_0^1 = \boxed{\frac{13}{6}}$

(2) AD 上：$x = 0, ds = dy$. DC 上：$y = 1, ds = dx$ であるから

$\int_{\mathrm{ADC}} = \int_{\mathrm{AD}} + \int_{\mathrm{DC}} = \int_0^1 y^2 dy + \int_0^1 (x^2 + x + 1) dy$

$= \left[\frac{y^3}{3}\right]_0^1 + \left[\frac{x^3}{3} + \frac{x^2}{2} + x\right]_0^1 = \boxed{\frac{13}{6}}$

(3) AC 上：$y = x, ds = \sqrt{2}dx (0 \leq x \leq 1)$ であるから

$\int_{\mathrm{AC}} = \int_0^1 (x^2 + x^2)\sqrt{2} dx = \sqrt{2}\left[x^3\right]_0^1 = \boxed{\sqrt{2}}$

[8.4] 球座標：$x = r\sin\theta\cos\varphi$, $y = r\sin\theta\sin\phi$, $z = r\cos\theta$ (第 1 象限では $0 \leq r \leq 1$, $0 \leq \varphi \leq \pi/2$, $0 \leq \theta \leq \pi/2$)

$h_r = 1, h_\theta = 1/r, h_\varphi = 1/r\sin\theta$, 体積素：$dV = drd\theta d\varphi/(h_r h_\theta h_\varphi)$

$= r^2 \sin\theta dr d\theta d\varphi$ (9 章例題 9.1, 9.2 参照).

$\iiint_V xyz dV = \int_0^1 r^2 dr \int_0^{\pi/2} \sin\theta d\theta \int_0^{\pi/2}(r\sin\theta\cos\varphi)(r\sin\theta\sin\varphi)(r\cos\theta)d\varphi = \int_0^1 r^5 dr \int_0^{\pi/2}\sin^3\theta\cos\theta d\theta \int_0^{\pi/2}\sin\varphi\cos\varphi d\varphi$

$= \left[\frac{r^6}{6}\right]_0^1 \left[\frac{1}{4}\sin^4\theta\right]_0^{\pi/2} \left[\frac{1}{2}\sin^2\varphi\right]_0^{\pi/2} = \boxed{\frac{1}{48}}$

[8.5] $1 : \boldsymbol{A} \cdot \boldsymbol{n} = x^2, 2 : \boldsymbol{A} \cdot \boldsymbol{n} = -x^2, 3 : \boldsymbol{A} \cdot \boldsymbol{n} = yz, 4 : \boldsymbol{A} \cdot \boldsymbol{n} = -yz, 5 : \boldsymbol{A} \cdot \boldsymbol{n} = z^2, 6 : \boldsymbol{A} \cdot \boldsymbol{n} = -z^2$

$\iint_1 dydz = 1$, $\iint_2 0 dydz = 0$, $\iint_3 z dydz = \int_0^1 dy \int_0^1 z dz = \frac{1}{2}$. $\iint_4 0 dxdz = 0$, $\iint_5 dxdy = 1$, $6 : \iint_6 0 dxdy = 0$. $\iint_S \boldsymbol{A} \cdot \boldsymbol{n} dS = 1 + \frac{1}{2} + 1 = \boxed{\frac{5}{2}}$

$\nabla \cdot \boldsymbol{A} = 2x + z + 2z = 2x + 3z, \int_V \nabla \cdot \boldsymbol{A} dV = 2\iiint x dV + 3\iiint z dV$

第 9 章
章末問題

[9.1] $h_1 = h_r = 1, h_2 = h_\theta = 1/r, h_3 = h_z = 1$

$\nabla f = \boldsymbol{e}_r \frac{\partial f}{\partial r} + \frac{\boldsymbol{e}_\theta}{r}\frac{\partial f}{\partial \theta} + \boldsymbol{e}_z \frac{\partial f}{\partial z}, \quad \nabla \cdot \boldsymbol{A} = \frac{1}{r}\frac{\partial(rA_r)}{\partial r} + \frac{1}{r}\frac{\partial A_\theta}{\partial \theta} + \frac{\partial A_z}{\partial z}$

$\nabla \times \boldsymbol{A} = \boldsymbol{e}_r \left(\frac{1}{r}\frac{\partial A_z}{\partial \theta} - \frac{\partial A_\theta}{\partial z} \right) + \boldsymbol{e}_\theta \left(\frac{\partial A_r}{\partial z} - \frac{\partial A_z}{\partial r} \right) + \boldsymbol{e}_z \left(\frac{1}{r}\frac{\partial(rA_\theta)}{\partial r} - \frac{1}{r}\frac{\partial A_r}{\partial \theta} \right)$

$\nabla^2 f = \frac{1}{r}\frac{\partial}{\partial r}\left(r\frac{\partial f}{\partial r}\right) + \frac{1}{r^2}\frac{\partial^2 f}{\partial \theta^2} + \frac{\partial^2 f}{\partial z^2}$

[9.2] $u_1 = \xi, u_2 = \eta, u_3 = \zeta$ とおく.

$\frac{\partial x}{\partial \xi} = c\sinh\xi\cos\eta, \frac{\partial y}{\partial \xi} = c\cosh\xi\sin\eta, \frac{\partial x}{\partial \eta} = -c\cosh\xi\sin\eta,$

$\frac{\partial y}{\partial \eta} = c\sinh\xi\cos\eta, \frac{\partial z}{\partial \zeta} = 1$, その他は 0

$\boldsymbol{r}_\xi = c\sinh\xi\cos\eta\,\boldsymbol{i} + c\cosh\xi\sin\eta\,\boldsymbol{j}, \; \boldsymbol{r}_\eta = -c\cosh\xi\sin\eta\,\boldsymbol{i} + c\sinh\xi\cos\eta\,\boldsymbol{j},$

$\boldsymbol{r}_\zeta = \boldsymbol{k}$

$\boldsymbol{r}_\xi \cdot \boldsymbol{r}_\eta = -c^2 \sinh\xi\cosh\xi\sin\eta\cos\eta + c^2\sinh\xi\cosh\xi\sin\eta\cos\eta = 0,$

$\boldsymbol{r}_\xi \cdot \boldsymbol{r}_\zeta = \boldsymbol{r}_\eta \cdot \boldsymbol{r}_\zeta = 0$ より直交曲線座標

[9.3] $h_\xi = h_\eta = 1/c\sqrt{\sinh^2 \xi + \sin^2 \eta}, \; h_\zeta = 1$ より $g = c\sqrt{\sin h^2 \xi + \sin^2 \eta}$ とおいて

$\nabla f = \frac{\boldsymbol{e}_\xi}{g}\frac{\partial \eta}{\partial \xi} + \frac{\boldsymbol{e}_\eta}{g}\frac{\partial f}{\partial \eta} + \boldsymbol{e}_\zeta \frac{\partial f}{\partial \eta}, \quad \nabla \cdot \boldsymbol{A} = \frac{1}{g^2}\left[\frac{\partial}{\partial \xi}(gA_\xi) + \frac{\partial}{\partial \eta}(gA_\eta) + g^2 \frac{\partial A_\eta}{\partial \zeta} \right]$

$\nabla^2 f = \frac{1}{g^2}\left(\frac{\partial^2 f}{\partial \xi^2} + \frac{\partial^2 f}{\partial \eta^2} + g^2 \frac{\partial^2 f}{\partial \zeta^2} \right), \quad \nabla \times \boldsymbol{A} = \begin{vmatrix} g\boldsymbol{e}_\xi & g\boldsymbol{e}_y & \boldsymbol{e}_\zeta \\ \frac{\partial}{\partial \xi} & \frac{\partial}{\partial \eta} & \frac{\partial}{\partial \zeta} \\ gA_\xi & gA_\eta & A_\zeta \end{vmatrix}$

$= g\boldsymbol{e}_\xi\left(\frac{\partial A_\zeta}{\partial \eta} - g\frac{\partial A_\eta}{\partial \zeta}\right) + g\boldsymbol{e}_\eta\left(g\frac{\partial A_\xi}{\partial \zeta} - \frac{\partial A_\zeta}{\partial \xi}\right) + \boldsymbol{e}_\zeta\left(\frac{\partial(gA_\eta)}{\partial \xi} - \frac{\partial(gA_\xi)}{\partial \eta}\right)$

索　引

ア　行

1価関数　88
陰関数定理　78
陰関数表示　78

上に有界　48

演算子　114
円柱座標　144

オイラーの公式　62
オイラーの定理　81

カ　行

回転　118, 142
回転体の体積　44
ガウスの定理　128
加速度ベクトル　108
関数　1
関数列　54

幾何級数　60
基本ベクトルの微分　139
逆関数　2, 8
　　──の導関数　17
逆三角関数　8
逆正弦関数　9
逆正接関数　9
逆余弦関数　9
球座標　143
極限値　3
　　数列の──　47
曲線座標　135
曲率　106
曲率半径　106

区間　6
グリーンの公式　132
グリーンの定理　127

原始関数　27

合成関数　3
　　──の導関数　16
　　──の微分法　70
勾配　114, 141
コーシー・アダマールの方法　55
コーシーの平均値の定理　22

サ　行

3重積分　91
　　──の計算法　91

自然対数の底　49
下に有界　48
収束　47
収束域　54
収束半径　55
従属変数　1
主値　9
条件付きの極値問題　79
剰余項　58
除去可能な不連続　6

数列　47
スカラー関数　112
ストークスの定理　132

正項級数　52
絶対収束　53
絶対収束級数　53
線形変換　93

160　　　　　　　　　索　　引

線積分　121
全微分　75

増減表　24
速度ベクトル　107

タ 行

対数微分　26
体積積分　125
多変数のテイラー展開　→ テイラー展開
ダランベールの方法　55
単位接線ベクトル　105
単位法線ベクトル　105
単調減少　48
単調減少数列　48
単調増加　48
単調増加数列　48

値域　1
置換積分　29, 40
中間値の定理　7
直交曲線座標　135, 144

定義域　1
定積分　34
テイラー級数　58
テイラー展開　58, 73
テイラーの定理　57

導関数　12
等値面　115
独立変数　1

ナ 行

ナブラ　141

2 階導関数　13
2 項定理　60
2 項展開　60
2 重積分　84

ハ 行

発散　50, 116, 141
発散定理　128

微分可能　12
微分係数　12

不定積分　27
部分積分　30, 40
部分和　50
不連続　6

平均値の定理　19, 37
平均変化率　11
平面図形の面積　42
べき級数　54
ベクトル関数　98, 112
ベクトル面積素　109, 124
変数変換　93
偏導関数　67
偏微分　67
偏微分係数　66

方向微分係数　112

マ 行

マクローリン級数　59
マクローリン展開　59
マクローリンの定理　58

未定乗数法　80

無限級数　49
無限数列　47
無限等比級数　50

面積素　109
面積分　123

ヤ 行

ヤコビアン　95
ヤコビ行列　95

有限数列　47

ラ 行

ラグランジュの未定乗数法　79

ラプラシアン　143

立体の体積　43
リーマン和　35

連続　6
連続関数　6

ロルの定理　19

著者略歴

河村 哲也（かわむら・てつや）
1954 年　京都府に生まれる
1981 年　東京大学大学院工学系研究科博士課程退学
現　　在　お茶の水女子大学大学院人間文化研究科教授
　　　　　工学博士

理工系の数学教室 4
微積分とベクトル解析　　　　　定価はカバーに表示

2005 年 10 月 30 日　初版第 1 刷

著　者　河　村　哲　也
発行者　朝　倉　邦　造
発行所　株式会社　朝　倉　書　店

東京都新宿区新小川町6-29
郵便番号　　162-8707
電　話　03(3260)0141
Ｆ Ａ Ｘ　03(3260)0180
http://www.asakura.co.jp

〈検印省略〉

ⓒ 2005〈無断複写・転載を禁ず〉　　東京書籍印刷・渡辺製本

ISBN 4-254-11624-1　C 3341　　　　　Printed in Japan

| 早大 大石進一著
数理工学基礎シリーズ1
微積分とモデリングの数理
28501-9 C3350　　A 5 判 224頁 本体3200円	自然現象を解明しモデリングされた問題を数学を用いて巧みに解決する数理のうち、微積分の真髄を明解にする。〔内容〕数／関数と曲線／定積分／微分／微積分学の基本定理／初等関数と曲線／べき級数とテイラー展開／多変数関数／微分方程式
東京電機大 桑田孝泰著
講座 数学の考え方2
微　　　分　　　積　　　分
11582-2 C3341　　A 5 判 208頁 本体3400円 | 微分積分を第一歩から徹底的に理解させるように工夫した入門書。多数の図を用いてわかりやすく解説し、例題と問題で理解を深める。〔内容〕関数／関数の極限／微分法／微分法の応用／積分法／積分法の応用／2次曲線と極座標／微分方程式 |
| 前東工大 志賀浩二著
数学30講シリーズ1
微　分・積　分　30　講
11476-1 C3341　　A 5 判 208頁 本体3400円 | 〔内容〕数直線／関数とグラフ／有理関数と簡単な無理関数の微分／三角関数／指数関数／対数関数／合成関数の微分と逆関数の微分／不定積分／定積分／円の面積と球の体積／極限について／平均値の定理／テイラー展開／ウォリスの公式／他 |
| 電通大 加古 孝著
すうがくぶっくす1
自然科学の基礎としての微　　積　　分
11461-3 C3341　　A 5 変判 160頁 本体2600円 | 微積分を、そのよってきた起源である自然現象との関係を明確にしながら、コンパクトに記述。〔内容〕数とその性質／数列と極限、級数の性質／関数とその性質／微分法とその応用／積分法とその応用／ベクトル解析の基礎／自然現象と微積分 |
| 東大 岡本和夫著
すうがくぶっくす15
微　分　積　分　読　本
11491-5 C3341　　A 5 変判 304頁 本体3900円 | "五感を動員して読む"ことの重要性を前面に押し出した著者渾身の教科書。自由な案内人に従って、散歩しながら埋もれた宝ものに出会う風情。〔内容〕座標／連続関数の定積分／テイラー展開／微分法／整級数／積分法／微分積分の応用 |
| 東海大 伊藤雄二著
新数学講座1
微　分　積　分　学
11431-1 C3341　　A 5 判 312頁 本体4500円 | 微分積分学の論理的構成についてできるだけ正確かつわかりやすく解説されている。また計算機の発展に伴う数値計算の重要性を認識して数値計算、近似法について充分説明がなされ、線形代数とのつながりについても留意して解説されている |
| 横市大 一樂重雄・神戸大 池田裕司著
数理科学パースペクティブズ1
微　分　積　分　学
11501-6 C3341　　A 5 判 224頁 本体2800円 | 理工系学生が通常扱う内容を、直観的に理解できるよう平易に解説。章末には理解を助けるための問題を併記。〔内容〕関数値の変化と微分／新しい関数とテイラー展開／べき級数／積分／微分方程式／多変数関数の微分積分／ベクトル解析 |
| 津田塾大 丹羽敏雄著
すうがくぶっくす6
ベ　ク　ト　ル　解　析
—場の量の解析—
11466-4 C3341　　A 5 変判 164頁 本体3000円 | 本書は、3次元空間のスカラー場やベクトル場の解析という限定で具体性を持たそうとした好著である。〔内容〕n次元ユークリッド空間E_n／スカラー場とベクトル場／スカラー場の勾配＝グラジエント／ベクトル場の発散／ベクトル場の回転 |
| 前東工大 志賀浩二著
数学30講シリーズ7
ベ　ク　ト　ル　解　析　30　講
11482-6 C3341　　A 5 判 244頁 本体3400円 | 〔内容〕ベクトルとは／ベクトル空間／双対ベクトル空間／双線形関数／テンソル代数／外積代数の構造／計量をもつベクトル空間／基底の変換／グリーンの公式と微分形式／外微分の不変性／ガウスの定理／ストークスの定理／リーマン計量／他 |
| 神奈川大 小国　力・神奈川大 小割健一著
MATLAB数式処理による数学基礎
11101-0 C3041　　A 5 判 192頁 本体3200円 | 数学・数式処理・数値計算を関連づけ、コンピュータを用いた応用にまで踏み込んだ入門書。〔内容〕微積分の初歩／線形代数等の初歩／微積分の基礎／積分とその応用／偏微分とその応用／3変数の場合／微分方程式／線形計算と確率統計計算 |

静岡理工科大 志村史夫著 〈したしむ物理工学〉 **したしむ振動と波** 22761-2 C3355　　　A5判 168頁 本体3200円	日常の生活で，振動と波の現象に接していることは非常に多い。本書は身近な現象を例にあげながら，数式は感覚的理解を助ける有効な範囲にとどめ，図を多用し平易に基礎を解説。〔内容〕振動／波／音／電磁波と光／物質波／波動現象
静岡理工科大 志村史夫監修　静岡理工科大 小林久理眞著 〈したしむ物理工学〉 **したしむ電磁気** 22762-0 C3355　　　A5判 160頁 本体3200円	電磁気学の土台となる骨格部分をていねいに説明し，数式のもつ意味を明解にすることを目的。〔内容〕力学の概念と電磁気学／数式を使わない電磁気学の概要／電磁気学を表現するための数学的道具／数学的表現も用いた電磁気学／応用／まとめ
静岡理工科大 志村史夫著 〈したしむ物理工学〉 **したしむ量子論** 22763-9 C3355　　　A5判 176頁 本体3400円	難解な学問とみられている量子力学の世界。実はその仕組みを知れば身近に感じられることを前提に，真髄・哲学を明らかにする書。〔内容〕序論：さまざまな世界／古典物理学から物理学へ／量子論の核心／量子論の思想／量子力学と先端技術
静岡理工科大 志村史夫監修　静岡理工科大 小林久理眞著 〈したしむ物理工学〉 **したしむ磁性** 22764-7 C3355　　　A5判 196頁 本体3800円	先端的技術から人間生活の身近な環境にまで浸透している磁性につき，本質的な面白さを堪能すべく明解に説き起こす。〔内容〕序論／磁性の世界の階層性／電磁気学／古典論／量子論／磁性／磁気異方性／磁壁と磁区構造／保磁力と磁化反転
静岡理工科大 志村史夫著 〈したしむ物理工学〉 **したしむ固体構造論** 22765-5 C3355　　　A5判 184頁 本体3400円	原子や分子の構成要素が3次元的に規則正しい周期性を持って配列した物質が結晶である。本書ではその美しさを実感しながら，物質の構造への理解を平易に追求する。〔内容〕序論／原子の構造と結合／結晶／表面と超微粒子／非結晶／格子欠陥
静岡理工科大 志村史夫著 〈したしむ物理工学〉 **したしむ熱力学** 22766-3 C3355　　　A5判 168頁 本体3000円	エントロピー，カルノーサイクルに代表されるように熱力学は難解な学問と受け取られているが，本書では基本的な数式をベースに図を多用し具体的な記述で明解に説き起す〔内容〕序論／気体と熱の仕事／熱力学の法則／自由エネルギーと相平衡
静岡理工科大 志村史夫著 〈したしむ物理工学〉 **したしむ電子物性** 22767-1 C3355　　　A5判 200頁 本体3800円	量子論的粒子である電子(エレクトロン)のはたらきの基本的な理論につき，数式を最小限にとどめ，視覚的・感覚的理解が得られるよう図を多用していねいに解説〔目次〕電子物性の基礎／導電性／誘電性と絶縁性／半導体物性／電子放出と発光
静岡理工科大 志村史夫・静岡理工科大 小林久理眞著 〈したしむ物理工学〉 **したしむ物理数学** 22768-X C3355　　　A5判 244頁 本体3500円	物理現象を定量的に，あるいは解析的に説明する道具としての数学を学ぶための書。図を多用した視覚的理解を重視し，自然現象を数学で語った書〔内容〕序論／座標／関数とグラフ／微分と積分／ベクトルとベクトル解析／線形代数／確率と統計
東大 福山秀敏・東大 小形正男著 基礎物理学シリーズ3 **物理数学 I** 13703-6 C3342　　　A5判 192頁 本体3500円	物理学者による物理現象に則った実践的数学の解説書〔内容〕複素関数の性質／複素関数の微分と正則性／複素積分／コーシーの積分定理の応用／等角写像とその応用／ガンマ関数とベータ関数／量子力学と微分方程式／ベッセルの微分方程式／他
東大 塚田 捷著 基礎物理学シリーズ4 **物理数学 II** ―対称性と振動・波動・場の記述― 13704-4 C3342　　　A5判 260頁 本体4300円	様々な物理数学の基本的コンセプトを，総体として相互の深い連環を重視しつつ述べることを目的〔内容〕線形写像と2次形式／群と対称操作／群の表現／回転群と角運動量／ベクトル解析／変分法／偏微分方程式／フーリエ変換／グリーン関数他

◆ シリーズ〈理工系の数学教室〉〈全5巻〉 ◆
理工学で必要な数学基礎を応用を交えながらやさしくていねいに解説

お茶の水大 河村哲也著
シリーズ〈理工系の数学教室〉1
常微分方程式
11621-7 C3341　　　　A5判 180頁 本体2800円

物理現象や工学現象を記述する微分方程式の解法を身につけるための入門書。例題，問題を豊富に用いながら，解き方を実践的に学べるよう構成。〔内容〕微分方程式／2階微分方程式／高階微分方程式／連立微分方程式／記号法／級数解法／付録

お茶の水大 河村哲也著
シリーズ〈理工系の数学教室〉2
複素関数とその応用
11622-5 C3341　　　　A5判 176頁 本体2800円

流体力学，電磁気学など幅広い応用をもつ複素関数論について，例題を駆使しながら使いこなすことを第一の目的とした入門書〔内容〕複素数／正則関数／初等関数／複素積分／テイラー展開とローラン展開／留数／リーマン面と解析接続／応用

お茶の水大 河村哲也著
シリーズ〈理工系の数学教室〉3
フーリエ解析と偏微分方程式
11623-3 C3341　　　　A5判 176頁 本体2800円

実用上必要となる初期条件や境界条件を満たす解を求める方法を明示。〔内容〕ラプラス変換／フーリエ級数／フーリエの積分定理／直交関数とフーリエ展開／偏微分方程式／変数分離法による解法／円形領域におけるラプラス方程式／種々の解法

お茶の水大 河村哲也著
シリーズ〈理工系の数学教室〉5
線形代数と数値解析
11625-X C3341　　　　A5判 212頁 本体3000円

実用上重要な数値解析の基礎から応用までを丁寧に解説〔内容〕スカラーとベクトル／連立1次方程式と行列／行列式／線形変換と行列／固有値と固有ベクトル／連立1次方程式／非線形方程式の求根／補間法と最小二乗法／数値積分／微分方程式

理科大 鈴木増雄・中大 香取眞理・東大 羽田野直道・物質材料研究機構 野々村禎彦訳

科学技術者のための数学ハンドブック
11090-1 C3041　　　　A5判 570頁 本体16000円

理工系の学生や大学院生にはもちろん，技術者・研究者として活躍している人々にも，数学の重要事項を一気に学び，また研究中に必要になった事項を手っ取り早く知ることのできる便利で役に立つハンドブック。〔内容〕ベクトル解析とテンソル解析／常微分方程式／行列代数／フーリエ級数とフーリエ積分／線形ベクトル空間／複素関数／特殊関数／変分法／ラプラス変換／偏微分方程式／簡単な線形積分方程式／群論／数値的方法／確率論入門／（付録）基本概念／行列式その他

前東工大 志賀浩二著
はじめからの数学1
数について
11531-8 C3341　　　　B5判 152頁 本体3500円

数学をもう一度初めから学ぶとき"数"の理解が一番重要である。本書は自然数，整数，分数，小数さらには実数までを述べ，楽しく読み進むうちに十分深い理解が得られるように配慮した数学再生の一歩となる話題の書。【各巻本文二色刷】

前東工大 志賀浩二著
はじめからの数学2
式について
11532-6 C3341　　　　B5判 200頁 本体3500円

点を示す等式から，範囲を示す不等式へ，そして関数の世界へ導く「式」の世界を展開。〔内容〕文字と式／二項定理／数学的帰納法／恒等式と方程式／2次方程式／多項式と方程式／連立方程式／不等式／数列と級数／式の世界から関数の世界へ

前東工大 志賀浩二著
はじめからの数学3
関数について
11533-4 C3341　　　　B5判 192頁 本体3600円

'動き'を表すためには，関数が必要となった。関数の導入から，さまざまな関数の意味とつながりを解説。〔内容〕式と関数／グラフと関数／実数，変数，関数／連続関数／指数関数，対数関数／微分の考え／微分の計算／積分の考え／積分と微分

上記価格（税別）は2005年9月現在